孕期营养全指南

养胎养身

100道孕妈咪素食餐

孙晶丹 编著

孕期
9-10月

孕期
1-2月

孕期
3-4月

孕期
5-6月

孕期
7-8月

U0272784

新疆人民出版总社
新疆人民卫生出版社

孕妈咪私房素食料理大搜秘

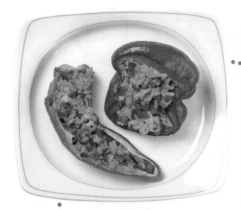

P108 **青椒镶饭**

经过烤制的青椒、红椒口感更好了！
蔬菜的清甜与米饭的酱香，
在口中不停地跳跃。

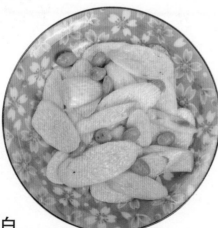

夏美美

美美出生于古都台南，今年32岁，
受母亲的影响，很喜欢料理，最喜欢
的事，就是与家人一起尝遍美食。

金鸥爸

美美的丈夫，33岁，受美美的影响
开始下厨，对蔬食料理越来越拿手，
未来希望可以成为另一半及孩子们的
点菜机。

P082

毛豆仁炒茭白

茭白煎香后的美味，
搭配毛豆仁的清甜，十分爽口。

P030

鲜菇糙米饭

各种菇类在锅里跳跃，
与蔬菜谱成一道绝佳的美味进行曲，
令人忍不住上瘾。

金 双 双

美美的大女儿，5岁，最喜欢豆腐料
理，每次餐桌上出现豆腐料理时，都
能多吃半碗白饭。

P104

梨子核桃汤

核桃丰富了梨子甜汤的口感，
也增添了满满的营养。

P051

鲜奶炖木瓜雪梨

木瓜与梨子的鲜甜，在雪白的牛奶中尽情绽放，
入口的瞬间，令人充分感受到生活的美好。

金 版 版

美美的小儿子，4岁，天性喜甜，任
何甜点种类都很喜爱，尤其喜欢甜糯
的紫米细细化在口中的感觉。

CONTENTS

Part 1

孕期 1、2 月精选食谱

Part 2

孕期 3、4 月精选食谱

Part 3

孕期 5、6 月精选食谱

Part 4

孕期 7、8 月精选食谱

Part 5

孕期 9、10 月精选食谱

Part 6

孕期相关知识

蔬菜介绍

芹菜

小豆苗

花菜

西红柿

青椒

胡萝卜

小白菜

空心菜

茄子

玉米

豆制品介绍

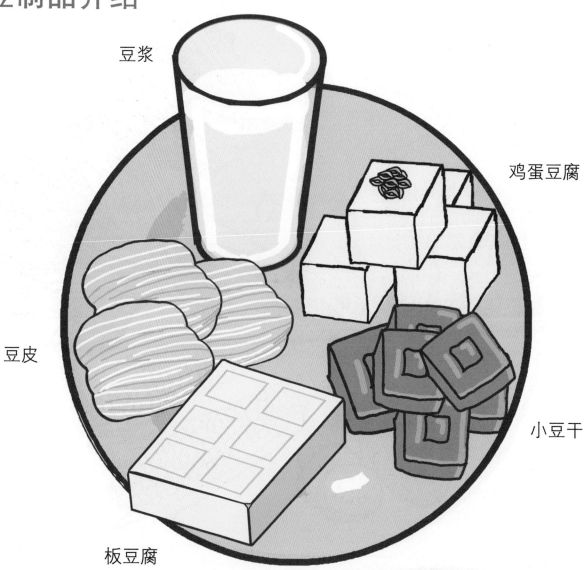

豆浆

鸡蛋豆腐

豆皮

小豆干

板豆腐

Part 1

孕期 1、2 月
精选食谱

期待已久的宝宝终于来了！孕妈咪在这个阶段特别需要补充叶酸、维生素 C 及维生素 B_6。摄取足够的叶酸可以让宝宝神经器官发育完善，维生素 C 及维生素 B_6 则可以缓解孕妈咪牙龈出血及抑制妊娠呕吐。

叶酸

功效：预防胎儿神经器官缺陷

叶酸在孕妈咪怀孕初期十分重要，若没有在这个时期摄取足够叶酸，对自己与胎儿都会产生不良影响。

对孕妈咪来说，相较一般成人更需要叶酸，如果缺乏，可能出现疲倦、晕眩以及呼吸急促的症状，也有好发贫血的可能，并增加流产与早产的几率。而对胎儿来说，缺乏叶酸极有可能影响胎儿正常发育，造成神经器官缺陷、水脑症、无脑儿和脊柱裂等先天畸形。

怀孕前四周如若母体叶酸不足，便会增加胎儿神经管缺陷风险；另一方面，孕妈咪在怀孕期的子宫、胎盘等生理变化，也需要足够叶酸来支持细胞的快速分裂。

叶酸是水溶性 B 族维生素之一，和 DNA、RNA 的合成有着紧密关系，同时也是制造红细胞的最佳原料之一。补充叶酸最好的方法是饮食均衡，从食物中摄取叶酸是最健康、安全的方式。

虽然叶酸对孕妈咪好处非常多，但若要补充高剂量的叶酸，则要在咨询过后，听从医生建议。过多的叶酸会让身体无法反映缺乏维生素 B_{12}，容易造成恶性贫血的误诊，也会降低癫痫药物的药效。如果摄取量高达每日建议摄取量的 100 倍，也可能导致痉挛的状况。

因此，尽管叶酸对准备怀孕的女性及孕妈咪好处非常多，但是，最好还是从食物中获取，并遵从医生的建议，摄取适量叶酸才是最安全、适当的做法。

富含叶酸的食物

花菜、芦笋、奶类、核桃类和深绿色青菜，如菠菜、空心菜、上海青、油菜、红薯叶等，在料理这些食材时，要避免过度烹煮，叶酸才不会被高温破坏。

维生素 B$_6$　维生素 C

功效：缓解牙龈出血、
抑制妊娠呕吐

孕期第 2 个月，孕妈咪需要补充足够的维生素 B$_6$、维生素 C，除可以缓解牙龈出血、抑制妊娠呕吐外，对母体及胎儿也有很大的好处。

维生素 B$_6$ 是人体脂肪和糖代谢的必需物质，也是人体内某些辅酶的组成成分，参与多种代谢反应，尤其是和氨基酸代谢有密切关系。临床上常用维生素 B$_6$ 制剂防治妊娠呕吐，对孕妈咪而言也是必需营养素之一。维生素 B$_6$ 可以促进蛋白质的合成，对于胎儿的发育有极佳帮助，如果缺乏，会影响胎儿生长，孕妈咪也可能出现食欲不振、消化不良等症状。

维生素 C 是水溶性维生素，相当容易从体内流失，必须从均衡饮食中获取。维生素 C 具有多项功能：参与氨基酸代谢、帮助胶原蛋白及组织细胞间的合成、加速血液凝固、刺激凝血功能等。

部分孕妈咪在刷牙时会发现牙龈出血，这时适量补充维生素 C 可加以缓解，同时还能提升抵抗力，预防牙齿相关疾病。孕妈咪适量补充维生素 C，可预防胎儿先天畸形，还能在胎儿脑发育期提高脑功能，但不可摄取过量，如若超过 1000 毫克，反而会影响胚胎发育，甚至产生败血症。

维生素 B$_{12}$ 和维生素 C 对孕妈咪及胎儿来说都十分重要，最好是从均衡饮食中摄取，如若孕妈咪想补充高剂量营养补充剂，必需向医生咨询，不可自己任意服用。

富含维生素 B$_6$ 的食物

含有维生素 B$_6$ 的植物性食物有菠菜、秋葵、荷兰豆、胡萝卜、土豆、红薯、黄豆、核桃、花生、葵花子、开心果、腰果以及香蕉等，孕妈咪若要补充，可选择上述食物来从中摄取。

富含维生素 C 的食物

维生素 C 的最佳来源是新鲜蔬果，如青椒、花菜、白菜、西红柿、黄瓜、菠菜、芭乐、柚子、柑橘、柳丁、柠檬、草莓、苹果等，建议进行烹煮时，时间不宜过长，以免造成维生素 C 大量流失。

蘑菇炒青椒

维生素 C

20 MIN

空气里传来阵阵的青椒香气，清香中带着一缕芝麻淡香，
孕妈咪吃进嘴里的第一口，青椒、蘑菇与芝麻富有层次的滋味在舌尖上跳跃。

材料（1人份）

蘑菇 5 朵
青椒 1 个
芝麻 10 克

调味料

盐 5 克
食用油 10 毫升

1 备好材料

将蘑菇、青椒清洗干净。

2 蘑菇切片

蘑菇切下蒂头后，与其余部分一
起切成薄片。

营养重点

蘑菇具有降血糖、降血脂、预防动脉硬化和肝硬化的食疗作用，可促进食欲及恢复大脑功能，但性滑，有腹泻现象的孕妈咪应谨慎食用。

3 青椒去籽

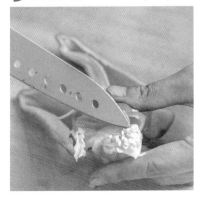

青椒去籽、去蒂头。

4 青椒切片

青椒切成四等份之后，再按 2 厘米长度切开。

5 均匀拌炒

在平底锅里倒入食用油，放入蘑菇和青椒开始拌炒。

6 拌入芝麻

在锅里放入盐，再洒上芝麻拌匀，将锅里的食材均匀地盛在盘中即可。

芝麻龙须菜

 叶酸 15 MIN

龙须菜含有丰富的叶酸，拌入香气浓郁且营养价值高的黑芝麻，便是一道引人食欲大开的嫩绿蔬食，很适合孕妈咪食用。

材料（2人份）

龙须菜 120 克　芝麻 25 克

调味料

盐 5 克　芝麻油 5 毫升

1 龙须菜洗净切段
将龙须菜以清水洗净后，切成适口大小，放置一旁备用。

2 烫熟龙须菜

锅中注入 500 毫升水，放入龙须菜焯烫、沥干后，盛盘备用。

3 调料搅拌均匀
取一小碗，将盐、芝麻油充分搅拌，至盐巴颗粒完全消失为止。

4 淋上调料
将做法 3 加入盛盘后的龙须菜里，用筷子均匀地搅拌。

5 芝麻增香

将芝麻均匀地洒在龙须菜上以增加口感与营养，即可食用。

青江干丝糙米饭

叶酸　20 MIN

孕妈咪选购上海青时，以硬挺青绿的最好，
若是叶面上有些虫咬的小坑洞，无需过于介意，
反而是农药喷洒较少的证明。

材料（1 人份）

糙米饭 150 克
上海青 40 克
豆干 2 片

调味料

盐 5 克
食用油 5 毫升

1 青江菜切末

上海青洗净后，切末备用。

2 豆干切丝

豆干洗净后，先切成豆干片，再切丝备
用。

3 炒香饭料

起油锅，放入糙米炒香，待糙米香气传
出后，放入豆干丝来回拌炒 1 分钟。

4 青菜增添口感

再放入上海青拌炒至熟色。

5 均匀拌炒

最后放入盐，拌炒均匀后即可盛盘食用。

荷兰芹炒饭

叶酸

15 MIN

奶油的香气完整包覆住米饭，每粒米仿佛有了新生命，淡金色的油脂光泽与翠绿色的荷兰芹碎末形成完美搭配。

材料（1 人份）

荷兰芹 40 克
白饭 150 克

调味料

盐 5 克
奶油 25 克

1 荷兰芹切末

荷兰芹洗净后，将花蕾部分切下剁碎，再把剩下的茎梗聚集一起剁碎，备用。

2 炒香米饭

取一个平底锅，开中火，放入奶油，用木勺来回滑动至其溶化，再放入米饭反覆翻炒，至米饭与奶油香气传出。

3 荷兰芹增色

在锅里加入剁碎的荷兰芹，进行增香及增味，来回拌炒均匀。

4 调味增香

最后放入盐，均匀拌炒，即可盛盘食用。

黑芝麻饭团

 维生素 B6

 50 MIN

芝麻的香气与红豆的豆香形成一个绝妙搭配，
孕妈咪还能从黑芝麻中摄取维生素 B6，补充所需营养。

材料（1 人份）

白米饭 150 克　黑芝麻 5 克　红豆 40 克

调味料

砂糖 20 克

1 红豆泡软

红豆烹煮前一晚泡水备用，水位需盖过红豆。

2 熬煮红豆

起一锅，放入 400 毫升水与红豆一起熬煮至沸腾后转小火，上盖继续熬煮至红豆熟烂，约 40 分钟，待汤汁快收干时，加入材料砂糖搅拌均匀，盛盘并放凉备用。

3 炒香黑芝麻

在锅里放入黑芝麻炒香，开小火并来回拌炒，避免炒焦，待芝麻香气传出后关火，暂置锅中。

4 制成饭团

把白米饭在寿司竹帘上铺平，家中若没有寿司竹帘，也可以找一干净全新的硬布，套上干净塑胶袋代替，方便压形使用。

5 压出寿司形状

将放凉的红豆馅料铺在白饭上压平，将寿司竹帘往外卷，让白饭包覆住红豆馅，需均匀施力，以免粗细不均。

6 黑芝麻增香

将揉捏成条状的饭团放到锅中滚动，均匀地沾附黑芝麻即可。

芝麻菠菜

菠菜富含维生素 B₆，适合让孕妈咪补充营养素及纤维质，加了芝麻后，风味更好。

扫一扫·轻松学

材料（1人份）

菠菜 200 克　　黑芝麻 10 克
白芝麻 10 克

调味料

芝麻油 5 毫升　　盐 5 克

1 备好材料
将菠菜洗净、切段；黑、白芝麻洗净后沥干，盛在小碟里。

2 焯烫菠菜
菠菜焯烫后，捞出备用，以减少草酸的含量。

3 芝麻炒香
另起一锅，以小火将芝麻放入炒香，注意来回拌炒，才不会使芝麻烧焦。

4 拌匀调味料
待菠菜放凉后，加少许盐及芝麻油搅拌均匀，洒上芝麻即可。

清炒包菜

维生素 C

包菜是很多孕妈咪喜欢的蔬菜之一，
以姜末爆香可提升包菜的香气，更显美味！

材料（1 人份）

包菜 180 克　　姜末 30 克

调味料

┌ 芝麻油 5 毫升
└ 盐 5 克　　食用油 5 毫升

1 备好材料
将包菜去老叶后，洗净、切片。

2 爆香姜末
起油锅，把姜末放入锅中爆香，
待传出姜香味，再放入包菜。

3 包菜炒熟
包菜以大火来回拌炒至熟后，将
盐均匀地洒在锅中并翻炒，使调
味均匀。

4 芝麻油增香
起锅前，撒上芝麻油增添风味，
即可食用。

花菜彩蔬小炒

维生素 C

20 MIN

有了胡萝卜、青椒、红椒及玉米的缤纷色彩，大大促进孕妈咪的食欲，花菜的口感也增添不少。

材料（1人份）

花菜 120 克	胡萝卜 20 克
玉米粒 35 克	青椒 20 克
红椒 20 克	

调味料

食用油 5 毫升　　盐 5 克
太白粉 15 克

1 备好材料
花菜洗净、取小朵；胡萝卜、青椒及红椒洗净后切丁；将太白粉加入适量水调合成太白粉水。

2 焯烫花菜
起一锅水，将花菜氽烫后捞出、沥干，并盛盘备用。

3 炒香蔬菜
另起油锅，将胡萝卜、青椒及红椒拌炒熟，再下玉米粒、盐拌炒均匀。

4 勾层薄芡
沿着锅缘加入太白粉水，使锅里呈现薄薄一层勾芡。

5 增添口感
将做法 4 的食材淋在花菜上即可。

奶香西蓝花

维生素 C

部分孕妈咪妊娠以后，忽然爱上牛奶的香醇，
西蓝花加入奶油、牛奶烹煮以后显得更为翠绿、美味。

材料（1人份）

西蓝花 150 克　　姜 20 克
奶油 5 克

调味料

牛奶 100 毫升　　盐 5 克
太白粉水 10 毫升

1 备好材料
姜洗净、切末；西蓝花洗净、切小朵。

2 焯烫西蓝花
起一锅水，将西蓝花放入焯烫，熟后捞出沥干。

3 蔬菜炒香
热锅中烧化奶油，爆香姜末，再放入西蓝花均匀拌炒。

4 调味增香
最后下牛奶、盐拌炒均匀后，再沿锅缘下太白粉水勾芡即可关火、起锅。

素炒豆苗

有了姜末的提香，豆苗经油炒后散发诱人的香味，
孕妈咪可以食用素炒豆苗来补充所需叶酸。

扫一扫·轻松学

材料（1人份）

豆苗 200 克　　姜 20 克

调味料

盐 5 克　　白糖 2 克
食用油 5 毫升

1 备好材料

姜洗净、切末；豆苗洗净、切段。

2 加入豆苗

起油锅，爆香姜末，待香味传出后，
放入豆苗一起拌炒。

3 调味增香

豆苗炒熟后，放入盐、白糖均匀炒
开后，即可盛盘食用。

芝麻香炒包菜

包菜搭配芝麻的香气，显得更为清甜。
简单的料理手法很适合孕妈咪。

材料（1人份）

包菜 180 克　　姜 20 克
黑芝麻 20 克

调味料

食用油 5 毫升　　盐 5 克

1 备好材料
包菜洗净、切段；姜洗净、切末。

2 煸香芝麻
起一锅，开小火将黑芝麻煸出香味后，盛盘备用。

3 放入蔬菜
放入少许食用油热锅，再下姜末爆香，待香味传出后，放入包菜。

4 下盐调味
包菜在锅里翻炒熟软后，加盐均匀拌炒。

5 芝麻增香
盛盘后，撒上炒香的黑芝麻提味即可。

胡萝卜粥

维生素 B₆

胡萝卜用油炒香后，营养素较容易被孕妈咪所吸收。

扫一扫·轻松学

材料（1人份）

- 胡萝卜 150 克
- 白饭 150 克

调味料

- 盐 5 克
- 食用油 5 毫升

1 备好材料
胡萝卜洗净、切小丁。

2 胡萝卜炒香
起油锅，将胡萝卜炒出香味后，放入白饭及 400 毫升水一起熬煮。

3 下盐调味
待胡萝卜粥熬煮成稠状，加入盐搅拌均匀。

4 熬煮入味
再熬煮 5 分钟即可关火盛盘。

西芹百合炒腰果

维生素C 15 MIN

清新爽口的百合和香脆多汁的西芹，加上香酥的腰果，
每一口都冲击着味蕾，让人着迷。

材料（1人份） 百合 20 克　西芹 150 克
腰果 20 克

调味料
食用油 5 毫升　盐 5 克
太白粉 10 克

1 备好材料

百合放入温水浸泡；西芹洗净、
切斜刀；太白粉加适量水调合成
太白粉水。

2 百合去杂质

将百合从温水中捞出，去除黑色
部分。

3 腰果炒香

起油锅，放入腰果炒香后，盛盘
备用。

4 拌炒西芹

利用腰果炒香剩余的油，放入西
芹略炒。

5 煨煮入味

加入百合、盐翻炒均匀，再放少
许水一起煨煮。

6 腰果增香

将太白粉水沿锅缘加入勾薄芡，翻
炒均匀后，再撒上炒香的腰果即可。

素炒三鲜

维生素 C

 15 MIN

笋丝加了香菇、豆皮后，口感变得更好，
孕妈咪可以通过食用素炒三鲜来补充自己的营养所需。

材料（1 人份）

竹笋 200 克
豆皮 3 块
香菇 3 朵

调味料

盐 5 克
食用油 5 毫升

1 备好材料

竹笋洗净、切粗丝；香菇泡开、
切片；豆皮洗净。

2 豆皮煎香

起油锅，将豆皮煎香后，取出切
丝、盛盘备用。

3 炒香笋、菇

利用豆皮煎香剩余的油，放入竹
笋及香菇炒香。

4 增添口感

待竹笋及香菇熟后，放入盐、豆
皮拌炒均匀即可食用。

凉拌柠檬藕片

维生素 C

80 MIN

酸酸甜甜的柠檬藕片,
呈现食材最原始的味道, 适合孕妈咪食用。

材料 (1 人份)

莲藕 180 克　柠檬 1 个

调味料

蜂蜜 10 克　　盐 5 克

1 备好材料

莲藕洗净, 去皮切薄片; 柠檬洗净, 取皮切丝。

2 焯烫莲藕

起一锅水, 加入盐、莲藕片一起水煮, 待莲藕熟后, 沥干、放凉备用。

3 柠檬调味

挤柠檬汁, 加入蜂蜜一起调和。

4 冰镇藕片

将放凉的藕片浸在柠檬蜜汁中并放入冰箱 1 小时, 使之入味。

5 柠檬丝增香

取出冰镇过的藕片, 另准备一盘, 将藕片排列整齐, 撒上柠檬丝、淋上少许汤汁即可。

苹果玉米蘑菇汤

维生素 C　40 MIN

寒冷冬日，很适合来上一碗口感丰富的煲汤，
苹果、玉米及蘑菇为孕妈咪补充满满活力，无须担心给身体造成负担！

材料（1人份）

苹果 100 克
玉米粒 25 克
蘑菇 3 朵

调味料

盐 5 克

1 备好材料

苹果洗净、切丁；蘑菇洗净、切片。

2 熬煮入味

起一锅水，加入适量水，放入玉米粒、苹果及蘑菇以大火熬煮。

3 放盐调味

煮至沸腾后，转小火继续熬煮 30 分钟，待苹果熟烂后，加入盐搅拌均匀即可。

豆浆油菜汤

 叶酸

豆浆油菜汤带着微微的姜香味，
风味十分引人入胜，很适合孕妈咪食用。

材料（1人份）

├ 油菜 150 克
│ 姜 10 克
└ 豆浆 200 毫升

调味料

├ 盐 5 克
└ 食用油 5 毫升

1 备好材料
油菜洗净、切段；姜洗净、切末。

2 拌炒油菜
起油锅，下姜末爆香，放入油菜
炒熟。

3 豆浆增香
把姜末挑出，放入豆浆、盐煮
开，豆浆汤沸点与一般汤品不
同，十分容易沸腾，需小心不要
满溢出锅子。

4 捞出浮沫
最后将浮沫捞出，即可盛盘。

白菜牛奶汤

牛奶中的蛋白质遇到柑橘类会凝结成块，
影响孕妈咪消化与吸收，应避免一起食用。

材料（1 人份）

白菜 180 克
枸杞 10 克
香菇 20 克
牛奶 300 毫升

调味料

盐 5 克
食用油 5 毫升

1 备好材料

白菜洗净后，切成适口长度；枸杞
及香菇洗净、切片。

2 加入白菜

起油锅，加入香菇拌炒出香味，再
放入白菜一起拌炒。

3 牛奶增香

加入 100 毫升水与材料 A，以小火
熬煮至沸腾。

4 加入枸杞

待白菜熟软后，加入枸杞与盐搅拌
均匀即可。

莲子芋头汤

冬日午后，来上一碗莲子芋头汤，让孕妈咪不只暖胃也暖心。

材料（1 人份）

糯米 30 克
莲子 30 克
芋头 30 克

调味料

白糖 15 克

1 备好材料

糯米及莲子洗净后，泡水软化；芋头洗净后，去皮、切小块。

2 熬煮入味

起水锅，放入芋头、莲子及糯米一起熬煮至沸腾，转小火继续熬煮 30 分钟。

3 加糖增味

待糯米及芋头熟软后，加入白糖搅拌均匀即可起锅。

黑芝麻花生粥

加入冰糖时，以适量为宜，孕妈咪不适合摄取过多的糖分。

材料（1人份）

黑芝麻 20 克
花生 20 克
白米 150 克

调味料

冰糖 10 克

1 备好材料
白米洗净后备用。

2 捣碎芝麻
取研钵，将黑芝麻倒入捣碎，使米粥在熬煮过程中更容易入味。

3 捣碎花生
在研钵中，倒入花生一同捣碎。

4 加入冰糖
起一锅水，加入白米熬煮，待米粒煮开后加入冰糖搅拌均匀。

5 熬煮入味
将黑芝麻及花生碎放入一起熬煮，待米粥呈现稠状即可起锅食用。

山药芝麻粥

山药含有维生素 C，孕妈咪可以选择它来作为自己的营养来源之一。

材料（1人份）

- 山药 25 克
- 白芝麻 10 克
- 牛奶 200 毫升
- 白米粥 150 克

调味料

冰糖 10 克

1 备好材料

山药切块备用；白芝麻起锅炒香后，盛盘备用。

2 熬煮入味

起一锅水，放入冰糖搅拌均匀，再下山药一起熬煮至沸腾。

3 加糖增味

加入白米粥一起熬煮，再次沸腾后，沿着锅缘加入牛奶并搅拌均匀。

4 熬煮稠粥

待米粥熬煮成稠状后即可起锅。

5 芝麻增香

盛盘后，撒上白芝麻增香即可。

胡萝卜西红柿汁

维生素 B₆ 15 MIN

胡萝卜西红柿汁适合妊娠反应强烈的孕妈咪饮用，
最好连同纤维一起饮用，才能保留完整营养。

材料（1 人份）

西红柿 100 克
胡萝卜 80 克

调味料

蜂蜜 10 克

1 备好材料
西红柿及胡萝卜洗净、切碎。

2 放入蔬果
将西红柿、胡萝卜及适量开水放入
果汁机中搅打成汁。

3 蜂蜜增味
加入蜂蜜搅拌均匀，倒入准备好的
杯子中即可饮用。

Part 2

孕期 3、4 月
精选食谱

孕妈咪在这个阶段需补充足够的镁、维生素 A 与锌。摄取足够的镁与维生素 A 不仅能够促进胎儿的生长与发育，也能让孕妈咪维持良好的孕况，锌则可以防止胎儿发育不良，三种都是此阶段不可或缺的营养素。

怀孕月份

3月

镁　维生素A

功效：促进胎儿发育与生长

镁对于胎儿骨骼发育及肌肉健康扮演着重要角色，而维生素A更是胎儿发育不可或缺的营养素，孕妈咪在孕期第3个月时需特别注意这两种营养素的摄取。

胎儿的身高、体重及头围大小很大一部分受到镁的影响，因此孕妈咪摄取足够的镁不仅可以帮助及维持胎儿的正常发育，对孕妈咪本身的子宫肌肉恢复也有很大的益处。镁可以修复受伤细胞，还可以让骨骼及牙齿的生成更坚固，并调节胆固醇及增进胎儿的脑部发育。镁还可以被使用在对妊娠高血压的治疗上，妇产科医师为控制病情，会在点滴中加入少许镁来放松患者的肌肉。

胎儿发育的前3个月，自己还不能储存维生素A，非常依赖母体供应，因此孕妈咪必需从饮食中摄取，才有足够的维生素A可供给。维生素A是胎儿发育的重要营养素之一，可以保证胎儿皮肤、肠胃道及肺部的健康。

孕妈咪缺乏镁，容易引发子宫收缩，造成早产；吸收过多，却会造成镁中毒，甚至可能抑制孕妈咪的呼吸与心跳。缺乏维生素A，孕妈咪容易罹患夜盲症，严重者还可能死亡；但若是摄取过量却会增高畸胎风险。孕妈咪若要补充高剂量的镁与维生素A，必须经过医师同意，否则可能造成反效果，最好的摄取来源还是来自于均衡的饮食。

富含镁的食物

生活中富含镁的食物多半为植物性食物，其中以全谷、坚果、豆类及叶菜等较为丰富，如葵瓜子、芝麻、花生、杏仁、松子、核桃、夏威夷果、开心果、腰果、莲子、板栗、黄豆和黑豆等。

富含维生素A的食物

富含丰富维生素A的食物，以橙黄色蔬果居多，如红薯、南瓜、胡萝卜、甜玉米、芒果、木瓜、葡萄柚、柑橘、柠檬、柳橙、菠萝、金盏花等，孕妈咪可选择上述食物来补充维生素A。

怀孕月份

4月

◇ 锌 ◇

功效：防止胎儿发育不良

锌对此阶段的孕妈咪而言是不可或缺的营养素，摄取足够的锌，有利胎儿大脑皮层边缘部海马区的发展，更有助于其后天记忆力的养成，还可促进胎儿脑部组织的正常发育。

孕妈咪未摄取足够的锌，容易罹患感冒、肺炎、支气管炎等疾病，也容易导致食欲不振，甚至可能影响到子宫收缩，造成分娩时子宫收缩无力，不能顺利生产，并导致羊水异常，甚至可能引发流产或死胎等不良后果。

胎儿没有吸取足够的锌，可能导致大脑发育受损，或因为大脑皮层边缘部海马区发展不良，造成后天智力及记忆力不佳、出生后体重过轻，甚至中枢神经系统受损，引发先天性心脏病和多发性骨畸形等先天缺陷。

锌是人体必需营养素，在生殖、内分泌及免疫等系统中扮演着重要角色，更是影响人体生长发育的关键营养素，缺乏锌会导致食欲不振、味觉迟钝及伤口迟迟无法愈合等不良后果。

但过量的锌同时也会对孕妈咪的身体产生负担，怀孕期间摄取过量的锌，不仅会有腹泻、痉挛和降低铜、铁吸收量的现象产生，更可能损害婴儿早期的脑部发展，不利于整体发育。

孕妈咪只要饮食均衡，便能从食物中摄取足够的锌，这也是孕期中获得营养素最好的方式。若想补充高剂量的锌，须向医师咨询，才不会造成反效果。

富含锌的食物

豆荚、香菇、乳制品、枫糖浆、黄豆制品、南瓜子、葵花子、花生、核桃、芝麻、糙米、粗面粉以及全谷物都含有锌。以糙米而言，含锌量较高，但若是加工过细则会造成锌的大量流失，因为锌通常都存在于胚部及谷皮间。

鲜菇糙米饭

维生素 A

20 MIN

菇类是低热量、高蛋白、高纤维的食物，主要成分为多糖体，对孕妈咪十分有益，不仅能补充营养，还能帮助消化。

材料（1人份）

糙米饭 150 克
香菇 30 克
鸿喜菇 30 克
秀珍菇 30 克
青豆 15 克
胡萝卜 15 克

调味料

食用油适量
盐 5 克

1 备好食材

胡萝卜洗净、切丁；香菇洗净、切片；鸿喜菇、秀珍菇洗净、取小朵。

营养重点

鸿喜菇不仅高蛋白、高纤维，并具备低糖、低脂的特性，其蛋白质中的氨基酸种类齐全，包含 18 种人体必需氨基酸，其中赖氨酸、精氨酸的含量更是高于一般菇类，对胎宝宝的智力发育很有帮助。鸿喜菇还含有丰富的铁、钙、磷、锌、镁等人体必备矿物质。

2 焯烫蔬菜

起一锅滚水，放入青豆、胡萝卜丁烫熟后，盛盘备用。

3 油炸菇类

锅中倒入食用油，以中火烧至温热后，放入所有菇类，30 秒后便捞起。

4 菇类拌饭

取一锅放入糙米饭，再将沥干的菇类均匀拌入。

5 蔬菜增香

将青豆、胡萝卜丁与盐一起均匀拌入，使三者分布均匀即可盛盘食用。

凉拌茄子

锌　20 MIN

茄子不仅可以酱烧、快炒，还可以凉拌，
孕妈咪选择自己最喜欢的料理方法来处理茄子，可增加用餐的乐趣。

材料（1人份）

茄子 200 克

调味料

- 芝麻酱 10 克
- 醋 10 毫升
- 芝麻油 5 毫升
- 盐 5 克

1 制作白酱
将茄子洗净去蒂，切滚刀块。

2 茄子蒸熟
取一个适合的盘子，将茄子排列在
上方，放入蒸锅中蒸熟。

3 调和酱料
将芝麻酱与醋、芝麻油、盐、放在
小碟中均匀搅拌。

4 放凉备用
将茄子取出放凉后，淋上做法 3 的
酱汁即可。

蜜汁黑豆

蜜汁黑豆可以当做孕妈咪的午后点心，
也可当做正餐的配菜之一，制作方法也相当简单。

材料（1 人份）

黑豆 50 克

调味料

红糖 10 克

1 备好材料
将黑豆洗净后浸泡。

2 熬煮熟透
锅中注入适量水，放入黑豆煮至
沸腾，再转小火继续熬煮至黑豆
熟透。

3 红糖增味
加入红糖搅拌均匀后，便可关
火、盛盘。

腐乳空心菜

镁　20 MIN

有了豆腐乳的润泽，空心菜的口感更具层次，
加入一点姜末提味，让孕妈咪吃得更美味！

材料（1 人份）

空心菜 150 克　白豆腐乳 30 克
姜末 20 克　食用油 5 毫升

调味料

食用油 5 毫升

1 备好材料

空心菜洗净、去老梗后，切成小段；
白豆腐乳放入碗中，压泥备用。

2 蔬菜炒香

起油锅，放入姜末爆香，再放入空
心菜一起拌炒。

3 豆腐乳增香

放入豆腐乳拌炒均匀，炒的过程中
可加入少许水一起拌炒，以免空心
菜炒得过干，待空心菜呈现熟色即
可盛盘。

芥蓝腰果炒香菇

腰果不仅增添营养，也丰富了口感，
它使芥蓝原本较为单调的口感变得有层次。

扫一扫·轻松学

材料（1 人份）

芥蓝 180 克　熟腰果 40 克
香菇 7 朵　红椒 15 克　黄椒 15 克

调味料

盐 5 克　　白糖 5 克
食用油适量

1 备好材料

芥蓝去除底部较硬的地方，茎切
斜刀，叶切成 3 厘米长度；红椒、
黄椒洗净后，去蒂头、去籽、切
丝；香菇切下蒂头后，切片，蒂
头切斜刀。

2 香菇煸香

起油锅，放入香菇炒香，待香味
传出后，放入芥蓝一起拌炒。加
少许水，炒至芥蓝熟透，再下盐
与白糖，来回拌炒，使调味均匀。

3 腰果增香

最后放入红椒、黄椒及腰果，略
为拌炒即可起锅。

炒红薯叶

镁

15 MIN

加了姜丝的炒红薯叶不仅增加了营养，也让孕妈咪食用时口感更好。

材料（1人份）

红薯叶 200 克　姜 20 克

调味料

盐 5 克　食用油 5 毫升

1 备好材料

将红薯叶去除老叶后洗净，沥干备用；姜洗净、切丝。

2 爆香姜丝

起油锅，放入姜丝爆炒出香味。

3 加入红薯叶

放入红薯叶一起拌炒至熟色。

4 下盐增味

最后放入盐来回拌炒均匀，即可起锅食用。

小豆苗拌核桃仁

孕妈咪可以选择有机的小豆苗来做凉拌料理，
若想吃的丰富些，也可适时加入苹果、
小西红柿之类的水果增添风味。

材料（1 人份）

```
┌ 小豆苗 200 克
└ 熟核桃 50 克
```

调味料

```
┌ 盐 5 克
│ 白糖 5 克
│ 醋 5 毫升
└ 芝麻油 5 毫升
```

1 洗净蔬菜

小豆苗用开水洗净后，盛盘备用。

2 捣碎核桃

准备研钵，放入核桃捣碎。

3 调合酱汁

将盐、白糖、醋及芝麻油放在小碗里搅
拌均匀。

4 核桃增香

将酱汁均匀地撒在小豆苗上，最后撒上
核桃增香即可。

坚果面茶

添加了腰果碎末，面茶口感更好，
孕妈咪在冲泡面茶时，可依自己喜爱的口味来调整浓淡。

镁　15 MIN

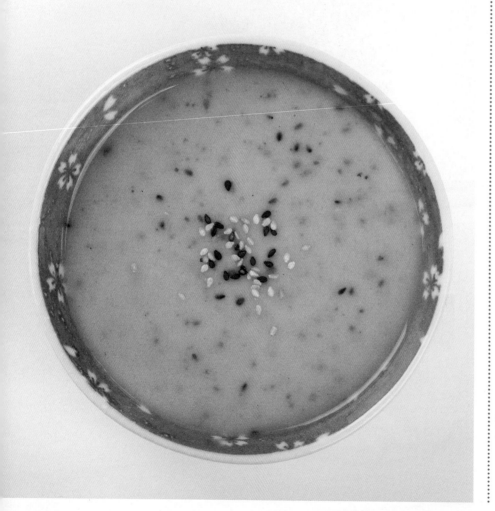

材料（2人份）

中筋面粉 300 克　腰果 20 克
黑、白芝麻 30 克

调味料

白糖 170 克　芝麻油 5 毫升

1 炒香芝麻
干锅先用小火将黑、白芝麻炒香，
盛盘备用。

2 捣碎腰果
放入腰果炒香后，以研钵捣碎，再
加少许芝麻油拌匀备用。

3 干炒面粉
面粉入锅干炒，以中火慢炒 20 分
钟，过程中需不断翻炒以免烧焦。

4 拌炒添香
炒至黄褐色时，再下白糖、炒过的
芝麻及腰果一起拌匀，即成面茶粉。

5 面茶过筛
将面茶粉用滤网过筛两次，使面茶
更加细致，冲泡时口感更好。

6 热水冲泡
取适量面茶粉放入碗里，倒入热开
水，拌到喜欢的浓稠度即可。

水果糙米粥

蜂蜜遇到高温后营养价值会降低，
因此孕妈咪可以等米粥放凉后，再加入蜂蜜增味。

材料（1 人份）

- 橘子 80 克
- 糙米饭 150 克

调味料

蜂蜜 30 克

1 备好材料
橘子洗净后，剥皮、取肉、去籽。

2 熬煮米粥
锅中注入约 600 毫升水，加入糙
米饭一起熬煮至稠状。

3 加入橘肉
放进橘子果肉一起熬煮，均匀搅
拌后即可关火盛盘。

4 蜂蜜增香
待放凉后，加入蜂蜜一起拌匀即
可食用。

菠菜粥

维生素 A

孕妈咪在熬煮菠菜粥时，
不要直接把菠菜放入一起熬煮，否则很容易涩口。

扫一扫·轻松学

材料（1人份）

菠菜 50 克
白米饭 150 克

调味料

盐 5 克

1 炒香芝麻
菠菜洗净、切段后，沥干备用。

2 焯烫菠菜
起一锅水，放入菠菜焯烫熟，捞出备用。

3 熬煮米粥
另起一锅水，加入米饭熬煮至稠状。

4 加盐调味
待锅中米饭煮至稠状，加入菠菜一起熬煮，再下盐拌煮均匀即可。

莲子枸杞粥

莲子经过一定时间的焖煮后，
搭配米粥、银耳及枸杞口感更好了。

材料（1 人份）

- 银耳 10 克
- 莲子 20 克
- 枸杞 20 克
- 米饭 150 克

调味料

冰糖 10 克

1 备好材料

银耳泡发、去蒂后，切成小块备用；莲子、枸杞洗净。

2 熬煮米粥

起一锅水，将米饭和莲子一起熬煮至沸腾，再放入银耳小火熬煮 40 分钟。

3 枸杞增味

待莲子熟软后，再放入枸杞、冰糖搅拌均匀，待甜味均匀分布锅中即可盛盘。

板栗双菇

维生素 A

25 MIN

菇类的营养价值高，对孕妈咪是很好的食材，
添加板栗、笋子及青豆后，口感更好了。

材料（1人份）

香菇 100 克　蘑菇 100 克
笋子 50 克　板栗 50 克
青豆 30 克

调味料

太白粉 5 克　食用油 5 毫升
素蚝油 10 克　白糖 5 克
芝麻油 5 毫升

1 备好材料

板栗焯烫后，捞出沥干、去皮；香
菇、蘑菇及笋子洗净后切大方丁；
太白粉加少许水，调和成太白粉水
备用。

2 炒香菇类

起油锅，放入香菇与蘑菇一起拌炒，
拌炒至香味传出后，放入青豆一起
拌炒。

3 调味增香

在锅里放入素蚝油、白糖及适量水
拌炒均匀，煨煮片刻，待入味后再
下笋子一起拌炒。

4 勾上薄芡

放入板栗翻炒片刻后，沿着锅缘均
匀淋上太白粉水勾薄芡，最后再下
芝麻油即可起锅。

板栗扒油菜

食材的鲜香被勾芡完整包覆住，孕妈咪一口吃下，
不仅吃到美味，也吃下满满营养。

镁 / 25 MIN

扫一扫·轻松学

材料（1 人份）

油菜 100 克　熟板栗 70 克
香菇 30 克　胡萝卜 50 克
姜 15 克

调味料

盐 5 克　白糖 5 克
食用油 5 毫升　太白粉 5 克

1 备好材料

香菇洗净、泡开；姜洗净、切片；
油菜洗净、切段；太白粉加水调
和备用。

2 焯烫蔬菜

锅中注水烧开，加入盐，将油菜
焯熟、捞起、沥干，取一盘铺底
备用。另起油锅，爆香姜片，放
入香菇、板栗、胡萝卜略炒，再
下盐、白糖及少许水煨煮入味。

3 勾上薄芡

沿着锅缘淋上太白粉水勾薄芡，
最后盛在油菜上即可。

西红柿炖豆腐

西红柿的酸甜滋味与豆腐的软嫩、
青豆的鲜美在孕妈咪口中谱成一首美妙的食物进行曲。

材料（1人份）

西红柿 150 克
豆腐 50 克
豌豆 20 克

调味料

盐 5 克
食用油 5 毫升

1 备好材料
西红柿及豆腐洗净、切块。

2 西红柿煸香
起油锅，放入西红柿块，煸炒出
香味。

3 调味增香
放入少许水、盐及豆腐块以大火熬
煮入味，再下豌豆拌炒，待汤汁煮
沸后即可盛盘。

小米麦粥

桂圆干的香气在熬煮过程中会在米粥中绽放，
孕妈咪吃进一口小米麦粥，口腔中满满都是馥郁果香。

扫一扫·轻松学

材料（1人份）

小米 80 克
燕麦 25 克
熟花生 50 克
桂圆干 40 克

1 备好材料
将燕麦、小米洗净，浸泡备用。

2 熬煮小米
起一锅水，加入小米、燕麦熬煮
至沸腾。

3 龙眼干增香
待小米粥沸腾后，再下桂圆干、
花生，以小火熬煮 30 分钟至熟
烂即可。

萝卜海带汤

 锌 30 MIN

秋日的午后，孕妈咪很适合来上一碗清爽汤品，
白萝卜海带汤口味鲜甜，深获女性喜爱。

材料（1人份）

海带结 80 克　　白萝卜 120 克

调味料

盐 5 克

1 备好材料

海带结洗净；白萝卜洗净切大块。

2 熬煮海带

将海带结、白萝卜放入锅中，加适
量清水，煮至海带熟透。

3 加盐调味

加入盐搅拌均匀，即可起锅食用。

快炒茄子

 锌

 20 MIN

经过烹煮后，茄子、蘑菇及青豆的鲜香都被释放出来，
加上一点酱油的咸香，不禁令人食指大动。

材料（1人份）🥄🍴

茄子 200 克　蘑菇 50 克
青豆 50 克　板栗 50 克
食用油 5 毫升　酱油 10 毫升
白糖 5 克　太白粉 5 克

调味料

食用油 5 毫升
酱油 10 毫升
白糖 5 克
太白粉 5 克

1 备好材料

茄子洗净，切成滚刀块；蘑菇洗净、切片；
板栗去壳、烫熟备用；太白粉加水调和
备用。

2 烫熟茄子

起一锅水，将茄子烫熟后，盛盘备用。

3 捣碎栗子

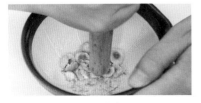

取研钵，将板栗放入捣碎。

4 碎栗添香

另起油锅，加入蘑菇、青豆及烫熟的茄
子一起拌炒，待蘑菇炒软后，加入板栗
碎炒匀。

5 调味增香

加入白糖及酱油一起小火熬煮入味，待
酱香味弥漫后，再沿着锅缘淋上太白粉
水即可盛盘。

南瓜豆沙卷

孕妈咪在蒸熟南瓜时，要使用保鲜膜以防水气进入，影响南瓜甜度。

材料（1人份）

南瓜 100 克　　面粉 70 克
鸡蛋 1 个　　红豆沙 90 克

调味料

白糖 20 克　　食用油 5 毫升

1 备好材料

南瓜洗净后去皮、去籽；鸡蛋打散备用。

2 制作南瓜面糊

南瓜蒸熟后，捣成泥，加入蛋液、水、白糖，再依序放入面粉不停搅拌成面糊。

3 煎香饼皮

起油锅，将面糊倒入锅中煎成饼，再将红豆沙放置于饼上，卷成南瓜豆沙卷即可。

黑豆蜜茶

黑豆拥有丰富的锌，拿来入茶除营养满分外，
还别有一番风味，很适合孕妈咪饮用。

材料（1 人份）

黑豆 50 克

调味料

黑糖 10 克

1 备好材料
黑豆洗净备用。

2 熬煮黑豆
起一锅水，加入黑豆一起煮至沸
腾，转小火继续熬煮 15 分钟，
直至锅里的汤水转为黑色。

3 捞出黑豆
将煮熟的黑豆捞出，可直接食用
或再次熬煮。

4 黑糖增香
在黑豆汁中加入黑糖，搅拌均匀
即可饮用。

松子糊

 镁 15 MIN

松子等坚果类含有丰富的营养，
孕妈咪可以选择自己喜欢的坚果来补充此时期所需的镁。

材料（1 人份）

- 松子 35 克
- 鲜奶 200 毫升

1 炒香松子
干锅炒松子，炒至香味传出。

2 捣碎松子
用果汁机将松子捣碎成粉。

3 熬煮入味
取一锅，倒入鲜奶及松子粉，小火
熬煮至沸腾即可盛盘食用。

鲜奶炖木瓜雪梨

鲜奶与木瓜同食营养丰富，再配以润心的梨，有助于孕妈咪的营养摄取。

材料（1 人份）

鲜奶 250 毫升
梨子 50 克
木瓜 50 克

调味料

蜂蜜 5 克

1 备好材料

梨子、木瓜洗净后，去皮、去籽并切块。

2 熬煮入味

取一炖锅，将梨子、木瓜、鲜奶及适量水以大火煮至沸腾，再以小火继续熬煮，待梨子、木瓜软烂后，便可关火盛盘。

3 蜂蜜增香

待鲜奶炖木瓜雪梨放凉后，加入蜂蜜搅拌均匀即可食用。

芒果西米露

芒果西米露可做为孕妇的加餐，甜甜的口感，
能愉悦孕妇的情绪，还能为身体补充能量。

维生素 A

15 MIN

材料（1人份）

西米 100 克
芒果 50 克

调味料

白糖 20 克

1 备好材料

西米洗净后，用清水浸泡；芒果洗净后，去皮、去籽，果肉切块。

2 煮熟西米露

起一锅滚水，倒入西米后煮熟、捞出，再放入冷开水中浸泡。

3 熬煮入味

另起一锅滚水，放入白糖、芒果，以小火煮透后即可盛盘。

4 增添口感

最后加入西米拌匀即可。

Part 3

孕期 5、6 月
精选食谱

孕期 5 至 6 月，孕妈咪需要补充足够
的维生素 D、钙及铁。摄取维生素 D
及钙能够促进胎儿骨骼与牙齿的发育，
维生素 D 则能帮助钙的吸收；而铁是
制作红细胞的原料之一，可预防孕妈
咪患上缺铁性贫血。

怀孕月份

5月

功效：促进胎儿骨骼及牙齿发育

孕期5月，孕妈咪需补充足够的钙与维生素D，才能完整供应胎儿所需。维生素D有助钙的吸收，孕妈咪获取维生素D的来源很多，其中一项便是通过晒太阳来生成。

孕期5月开始，胎儿的骨骼与牙齿便会快速生长，因此对钙的需求量大增，孕妈咪需补充足够的钙，才能完全供应胎儿所需。

孕期如果缺钙可能造成四肢无力、腰酸背痛及肌肉痉挛，引起小腿抽筋、手足抽搐及麻木等不适症状，甚至导致骨质疏松、骨质软化症及妊娠高血压综合征等疾病。胎儿也可能出现颅骨软化、骨缝宽及囟门闭合异常等状况。

但若摄取过多的钙，却可能不利其他营养素如铁、锌、镁、磷的吸收，还会造成胎儿颅缝过早闭合导致难产，或胎盘提前老化而使胎儿发育不良等结果。

孕期缺乏维生素D，可能增加子痫前症的发生几率，影响胎儿脑神经发育及语言发展，也可能成为孩子日后肥胖的因素之一；但若通过高剂量营养补充剂补充，却可能摄取过量，造成胎儿副甲状腺功能抑制或先天性主动脉狭窄等症状。

孕妈咪维持均衡饮食，便能从中摄取足够的钙与维生素D，如果自行使用高剂量营养补充剂，可能造成吸收过量，因此在使用前一定要询问医生，以免造成负面结果。

富含钙的食物

生活中很多食物都富含钙，如黄豆及其相关制品、芝麻、海带、紫菜和深绿色蔬菜，像是空心菜、上海青、油菜等，将白醋加入料理或食用富含维生素D的食物可以增强钙的吸收。

富含维生素D的食物

强化牛奶、奶油等动物性食物拥有较丰富的维生素D，橙黄、红色蔬果如木瓜、芒果、胡萝卜等植物性食物，则含有较少量的维生素D。日晒10~15分钟，有助维持体内维生素D的浓度。

怀孕月份

6月

◇ 铁 ◇   功效：防止缺铁性贫血

铁是红细胞生成的重要帮手之一，在能量供应系统中，也扮演着重要角色，这个阶段的孕妈咪跟胎儿都需要大量的营养素，加上怀孕之后，孕妈咪的血液量会增加许多，铁的需求量也会跟着大增，所以应通过均衡饮食，避免缺铁性贫血的发生。

孕妈咪缺乏铁，容易食欲不振、情绪低落、疲劳及晕眩，甚至有医学研究指出，严重缺铁的孕妈咪相较一般孕妈咪更容易出现早产，或是生出体重过轻的新生儿。

胎儿缺乏铁，容易出现生长迟缓的现象，宝宝出生后，若一直未改善缺铁的情况，也可能导致注意力无法集中。

一般，女性普遍缺铁，多半源于饮食习惯，通常6位中会出现1位，由于女性常为了保持身材，选择食用鸡、鱼、海鲜等白肉，避开红肉及内脏类食物，或是外食族增多，很少吃到足够的深绿色蔬菜，因此存在铁质缺乏的普遍现象。

铁在酸性环境中较易吸收，建议多从动物性食物中获取，为了自己与胎儿的健康，孕妈咪要从食物中加强铁的摄取，甚至根据产检结果及医师的评估食用铁剂，才能让自己及胎儿同时拥有健康的身体。

想要有效地摄取铁质，首先，每日需食用足够的深绿色蔬菜；其次，从饮食中补充足够的维生素C与维生素D，增强铁的吸收；最后，避免同时摄取钙与餐后大量饮水，钙与铁会产生抑制现象，大量水分则会破坏利于铁吸收的酸性环境。

富含铁的食物

蕴含丰富铁的蔬菜，以深绿色蔬菜含量最多，像是菠菜、油菜、上海青、红薯叶、空心菜、芥菜和茼蒿等。

豆沙煎饼

铁

30 MIN

孕妈咪若有足够的时间，可以自己动手制作红豆泥，
风味会更好，也无需担心甜度太高，造成身体负担。

材料（1人份）

- 红豆泥 60 克　熟核桃 15 克
- 熟杏仁 15 克　白芝麻 20 克
- 玉米粉 30 克　鸡蛋 1 个
- 鲜奶 120 克　中筋面粉 100 克

调味料

白糖 10 克　　食用油 5 毫升

1 备好食材

将中筋面粉、玉米粉、鲜奶、鸡
蛋、白糖放到大碗里搅拌均匀，
制成面糊备用。

2 煎香饼皮

起油锅，均匀倒入面糊，使面糊
分布在整个锅面。

营养重点

红豆含有丰富的铁质，能使孕妈咪气色红润，还可补血、促进血液循环、强化体力及增强抵抗力，但因具有利尿功效，孕妈咪不可食用过多，以免频尿。另外，中医认为红豆具有利水消肿、清热解毒、健脾止泻、改善脚气浮肿的功能。

3 翻面上色

待受热面定型之后，翻面继续煎香，使两面均有微微焦色，并传出香气，便可关火。

4 铺红豆馅

将红豆泥与白芝麻拌匀，再均匀地抹在饼皮上，不要过厚或过薄。

5 加入坚果

将核桃及杏仁依序放在红豆馅上。

6 卷起煎饼

用夹子及锅铲在锅里卷起豆沙煎饼，呈圆柱状，再将卷好的豆沙煎饼切成两半，盛盘后均匀地撒上芝麻即可。

西红柿沙拉

维生素 D

30 MIN

孕妈咪在挖取西红柿果肉时，可用汤匙轻轻沿着表皮画圈即可，避免用力过当使西红柿盅崩坏。

材料（1 人份）

西红柿 200 克　　苹果 50 克
百香果 1 颗　　　蛋黄酱 15 克
橙汁 150 毫升　　太白粉 10 克

调味料

冰糖 5 克

1 备好材料
西红柿洗净后，在 1/3 的部位横切开，将果肉挖出切成小块；苹果洗净后，去皮、切块；百香果洗净、切开，取果肉；太白粉加水调合。

2 蛋黄酱增香
取一个小碗，将苹果块、西红柿块、百香果肉用蛋黄酱拌匀，再用汤匙放入西红柿盅中，便可盛盘。

3 熬煮酱料
起一锅，将橙汁与冰糖熬煮至充分融合，待沸腾后，沿着锅缘加入太白粉水均匀搅拌后，淋到做法 2 的盘中即可食用。

奶汁海带

孕妈咪应选择整齐干净、无杂质及异味的海带，
若是海带颜色过度鲜艳、质地脆硬，多半是经过化学加工了的，对人体容易产生负面影响。

材料（1人份）

海带 50 克　　白葡萄酒 25 毫升
奶油 20 克　　牛奶 100 毫升
柠檬 25 克

调味料

蜂蜜 25 克

1 备好材料

海带洗净后切成菱形片，再放入锅里煮软，捞出、沥干；柠檬洗净、切片。

2 熬煮奶浆

热锅，将奶油放入烧化，再加入白葡萄酒、蜂蜜、牛奶及海带一起熬煮，待海带覆上奶浆后便可关火盛盘。

3 柠檬片增香

在盘里淋上少许汤汁，并放上柠檬片即可。

花椰拌海带结

简单的调味，保留了食物的原汁原味，
让孕妈咪吃到西蓝花与海带最天然的美好味道。

扫一扫·轻松学

材料（1人份）

西蓝花 150 克　　海带结 150 克

调味料

白糖 5 克　　淡色酱油 10 毫升
食用油少许

1 备好材料

西蓝花洗净、取小朵；海带结洗净。

2 调和酱汁

将白糖、淡色酱油及 50 毫升开水
搅拌均匀，放在小碗备用。

3 焯烫蔬菜

起一锅水，将西蓝花、海带结放入
煮熟，捞出沥干后便可盛盘。

4 淋上酱汁

最后，将酱汁均匀地淋到做法 3 的
盘中即可食用。

糖醋白菜

维生素 D

25 MIN

糖醋白菜清淡酸甜、脆嫩可口，尤其适合胃口不佳的孕妈咪。

材料（1人份）

白菜 150 克　　胡萝卜 80 克

调味料

白糖 5 克　　醋 5 毫升
盐 5 克　　　太白粉 15 克

1 备好材料

白菜、胡萝卜洗净，切斜片。

2 调合酱汁

将白糖、醋、盐、太白粉放在小碗里搅拌均匀，调合成酱汁。

3 熬煮入味

起一锅，加入少许水焖煮白菜，再放入胡萝卜，待胡萝卜熟烂后将酱汁倒入，熬煮入味即可。

白菜豆腐汤

维生素 A

15 MIN

豆腐的鲜嫩、香菇的香气及白菜的脆甜在孕妈咪口腔中谱成一首美妙乐曲。

材料（1人份）

豆腐 200 克　香菇 3 朵
小白菜 150 克

调味料

盐 5 克

1 备好食材

香菇洗净后，去蒂头并一起切块；
白菜洗净、切段；豆腐切块、盛
盘备用。

2 熬煮食材

起一锅水，加入香菇、小白菜一
起熬煮，待沸腾后加入豆腐继续
熬煮。

3 调味增香

待小白菜熬煮熟烂后，放入盐搅
拌均匀，即可关火、装碗。

腰果木耳西芹

孕妈咪在选择木耳时，以肉质肥厚、朵大完整的为佳，若是表面含杂质，可用温水浸泡后再稍加搓洗。

材料（1人份）🍴

┌ 木耳 50 克
│ 竹笋 50 克
│ 西芹 50 克
│ 腰果 25 克
└ 姜 15 克

调味料

┌ 盐 5 克
│ 食用油 5 毫升
└ 芝麻油 5 毫升

1 备好材料

木耳、竹笋洗净，切片；西芹洗净，切斜刀；姜洗净，切片。

2 爆香姜片

起油锅，放入姜片爆香，以提升整道菜的香气。

3 炒香蔬菜

加入木耳、笋片及西芹拌炒均匀，炒至熟透便可。

4 加入腰果

待木耳呈现熟烂状态，加入腰果一起拌炒至香味传出，最后加入盐及芝麻油搅拌均匀即可盛盘。

松仁拌油菜

松子煸香后别有一番滋味，与油菜一起食用，
增添了丰富口感及香味，让孕妈咪耳目一新。

铁

15 MIN

扫一扫·轻松学

材料（1 人份）

油菜 180 克　松子 40 克

调味料

芝麻油 5 毫升　白糖 5 克
盐 5 克

1 备好材料

油菜去根后，洗净、切小段。

2 松子煸香

取一锅，干锅烧热后，放入松子煸
香，至表面呈现微微焦色。

3 芝麻油炒香

锅中注入适量芝麻油烧热，放入油
菜炒至熟透，再下盐、白糖炒匀后
盛盘。

4 撒上松子

最后均匀撒上松子增添口感即可。

豆腐皮粥

钙 25 MIN

秋日夜里，孕妈咪如果想要吃点清淡的米粥，
十分推荐豆腐皮粥，不仅做法简单，营养也满分。

材料（1 人份） 🍴

豆腐皮 30 克　　白米饭 150 克

调味料

盐 5 克

1 备好材料
豆腐皮洗净、切丝。

2 熬煮熟透
起一锅水，加入豆腐皮、白米饭
熬煮至沸腾。

3 调味增香
待米粥煮至稠状后，加入盐搅拌
均匀即可起锅。

牛奶烩花椰

牛奶入菜不但可以提高钙含量，
淡淡的奶香也深获许多孕妈咪的欢心。

材料（1 人份）

西蓝花 100 克　牛奶 150 毫升

调味料

太白粉 15 克　盐 5 克

1 备好材料

西蓝花洗净、取小朵；太白粉加水
调和。

2 熬煮入味

起一锅，倒入西蓝花及少许水拌炒
至沸腾，再下牛奶一起熬煮。

3 勾点薄芡

待西蓝花熟透后，加入盐拌炒均匀
即可盛盘。

凉拌海带

钙 · 45 MIN

孕妈咪焯烫海带的时候，可加入白醋和盐，
以去除表面的黏液与杂质。

材料（1 人份）

- 海带 150 克
- 姜 15 克

调味料

- 盐 5 克
- 白醋 5 毫升
- 酱油 5 毫升
- 白糖 5 克
- 芝麻油 5 毫升

1 备好材料
姜洗净、切丝；海带洗净。

2 焯烫海带
起一锅滚水，加入白醋、盐及海
带一起熬煮，待海带熟后捞出、
沥干，放进碗里备用。

3 腌制入味
海带中加入姜丝、盐、白醋、酱
油、白糖，搅拌均匀，腌渍入味。

4 淋上麻油
待腌制入味后，淋上芝麻油增香
后，即可食用。

067

上汤浸菠菜

铁 20 MIN

蛋奶素的孕妈咪可在上汤浸菠菜里添加皮蛋，增添营养及口感。

材料（1 人份）

菠菜 100 克　胡萝卜 60 克
草菇 30 克　枸杞 20 克
皮蛋 1 个　姜 15 克

调味料

盐 5 克　芝麻油 5 毫升
食用油 5 毫升

1 备好材料

菠菜洗净后去根部、切段；胡萝卜洗净、切片；草菇与姜洗净、切片；皮蛋切小块；枸杞洗净泡水。

2 焯烫菠菜

起一水锅，将菠菜放入焯烫熟后，捞起、沥干，盛盘备用。

3 炒香食材

起油锅，爆香姜片，再放入胡萝卜、草菇、皮蛋一起炒香。

4 煨煮入味

待胡萝卜熟透后，再下少许水、枸杞及盐拌炒均匀，起锅前均匀淋上芝麻油便可。

5 淋上汤料

将炒好的食材盛在装有菠菜的盘中即可。

香菇油菜汤

油菜除蕴含铁，还含有钙、维生素A、B族维生素、维生素C等丰富营养素，
其中维生素C及胡萝卜素含量在蔬菜中更是顶级。

扫一扫·轻松学

材料（1人份）

干香菇8朵　　油菜150克

调味料

盐5克　食用油5毫升

1 备好材料

油菜洗净、切段；干香菇以温开
水泡发。

2 熬煮入味

起油锅，炒香香菇与油菜，再放
入盐以及浸泡香菇的温开水一起
熬煮。

3 芝麻油增香

煮至菜梗软烂时淋上芝麻油便可
起锅、盛盘。

胡萝卜小米粥

胡萝卜含有的粗纤维可促进肠胃蠕动，帮助孕妈咪消化；
β–胡萝卜素也可在人体转化为维生素 A，使皮肤维持光滑。

材料（1人份）
胡萝卜80克　小米30克

调味料
盐5克

1 备好食材

胡萝卜洗净、刨丝；小米洗净后，加水浸泡。

2 熬煮米粥

锅中注入水，放入胡萝卜丝与小米熬煮至沸腾，再转小火熬煮至小米熟烂。

3 加盐调味

待小米熟烂后，加盐搅拌均匀即可盛盘。

辣腐乳空心菜

 铁　 20 MIN

辣豆腐乳的香气可以提升空心菜的口感层次，
孕妈咪不需另外添加调味，风味已经非常足够。

材料（1人份）

空心菜 140 克
辣豆腐乳 30 克

营养重点

空心菜富含膳食纤维及粗纤维，不但能
促进孕妈咪肠胃蠕动，通便解毒，还可
以降低胆固醇。

1 备好材料
空心菜洗净、去老梗后，切成小段。

2 腐乳压泥

辣豆腐乳放入小碗中压泥。

3 炒香腐乳

取一锅，放入豆腐乳炒香至黏稠状。

4 加入青菜

加入空心菜一起拌炒，放入少许水共同
熬煮，待菜梗熟透后即可盛盘食用。

柳苹胡萝卜汁

铁 10 MIN

苹果与橙子自然的鲜甜味全融在果汁里，
孕妈咪不用额外添加冰糖或蜂蜜，尝起来风味就很好了。

材料（1 人份）

橙子 200 克
苹果 100 克
胡萝卜 100 克

1 备好材料
将橙子、胡萝卜及苹果各自洗净后，
去皮、切块。

2 一起榨汁
在榨汁机放入胡萝卜、苹果和橙子，
一同榨成汁即可倒入杯中饮用。

核桃牛奶

部分孕妈咪不习惯核桃表面的褐色薄皮的口感，
将之剥除后才打碎，但这样做会造成营养素的流失，应避免。

材料（1人份）

- 熟核桃 10 颗
- 鲜奶 350 毫升

1 备好材料
将熟核桃用食物调理机打碎成粉末状后，盛盘备用。

2 核桃拌匀
把核桃粉末加入鲜奶中搅拌均匀后，即可盛盘食用。

菠菜橙汁

铁

菠菜在制成蔬果汁时，需先焯烫一下，
以免叶酸残留过多，对孕妈咪的身体造成负担。

营养重点

早晨喝上一杯橙子制成的
果汁可以帮助人体更好地
吸收铁。

材料（1人份）

┌ 菠菜 50 克
│ 橙子 80 克
│ 胡萝卜 50 克
└ 苹果 100 克

1 备好材料

菠菜洗净后切段；橙子、胡萝卜与
苹果洗净后，去皮、切块。

2 焯烫菠菜

起一锅水，放入菠菜焯烫熟透后，
捞起、沥干备用。

3 榨汁饮用

将橙子、胡萝卜、苹果及烫熟的菠
菜放入果汁机中，一起榨汁后即可
装杯饮用。

木瓜鲜奶

钙 · 10 MIN

木瓜蕴含丰富的营养素，搭配鲜奶一起饮用，
为孕妈咪带来满满活力。

营养重点

木瓜含有丰富的营养素，包含铁、钾、磷、钙、β-胡萝卜素、维生素A、B、C、E及K等; 钾的含量也比桂圆、荔枝、柑、橙、柚、苹果等水果都要高。木瓜与鲜奶适宜搭配，是美味及健康的好伙伴。

材料（1人份）

木瓜 200 克
鲜奶 350 毫升

1 备好材料
木瓜洗净后，去皮、去籽并切块。

2 搅拌均匀
在果汁机内放入木瓜及鲜奶，搅拌均匀即可装杯饮用。

牛奶馒头

牛奶馒头一口咬下会有天然的奶香味，
孕妈咪若是想吃得再丰富些，可自行添加果酱或配料。

材料（1人份）

- 面粉 300 克　发粉 5 克
- 酵母粉 5 克　牛奶 50 毫升

调味料

- 白糖 5 克　醋 5 毫升
- 食用油 5 毫升

1 揉合面团
用温开水将白糖化开，再加入酵母粉搅拌均匀，并倒进面粉中，放入发粉、醋、食用油、牛奶充分搓揉成团。

2 静置发酵
将面团放置一旁，发酵 50 分钟，备用。

3 馒头塑形
将发酵好的面团用擀面棍擀平，并卷成长条，用刀切成大小相同的块状。

4 蒸熟食用
将切好的面团块放入蒸笼内，蒸 15 分钟即可食用。

牛奶香蕉芝麻糊

钙

20 MIN

香蕉可安抚神经，睡眠不佳或情绪紧张的孕妈咪，
不妨在睡前适量吃些香蕉。

材料（1人份）

牛奶140毫升　香蕉100克
芝麻5克　玉米粉10克

调味料

冰糖5克

1 备好材料

香蕉剥皮后取出果肉，用勺子将
其压碎。

2 炒香芝麻

起一锅，倒入芝麻炒香，芝麻香
气传出后即可盛盘备用。

3 原锅熬煮

在炒香芝麻的锅中，倒入牛奶、
冰糖熬煮，再下玉米粉勾芡，最
后放入香蕉搅拌均匀，沸腾后便
可盛盘。

4 芝麻增香

最后撒上芝麻增添风味即可盛盘
食用。

木瓜椰汁西米露

孕妈咪在熬煮西米时，须不停搅拌，
直到西米变透明或里面无乳白色圆点，才是其熟透的状态。

材料（1人份）

木瓜 150 克
西米 50 克
椰奶 250 毫升

调味料

白糖 5 克

1 备好材料

木瓜洗净后，去皮、去籽，切大块。

2 西米煮熟

起一锅滚水，将西米放入熬煮 5 分
钟便关火，再将西米从沸水中捞出，
放入冰开水中浸泡备用。

3 熬煮汤料

另起一锅 300 毫升滚水，放入木瓜
煮熟，再加入椰奶与白糖一起熬煮、
搅拌入味。

4 汤料合一

将冰镇后的西米盛盘，均匀淋上做
法 3 的汤料即可食用。

Part 4

孕期7、8月
精选食谱

孕期7至8月，孕妈咪需补充足够的"脑黄金"与碳水化合物，才能使胎儿的大脑及视网膜正常发育，并维持母体与胎儿的热量需求。脑磷脂、卵磷脂、DHA、EPA等被合称为脑黄金，能转化为胎儿脑部、视网膜发育的必需脂肪酸；碳水化合物摄取充足，则可以避免胎儿酮症酸中毒或蛋白质缺乏。

怀孕月份

7月

（脑黄金）

功效：帮助胎儿脑部及视网膜正常发育

孕期7月，孕妈咪需要补充足够的"脑黄金"。脑磷脂、卵磷脂、DHA及EPA等物质被合称为脑黄金，都是这阶段孕妈咪很需要的营养素。

脑黄金不仅可以防止早产、增加宝宝出生时的体重及避免胎儿发育迟缓，还可以帮助胎儿脑部及视网膜正常发育，是非常重要的营养素之一。脑黄金被人体吸收以后，绝大部分会进入到细胞膜中，并集中在视网膜或大脑皮质中，进而形成视网膜的感光体，因此对脑部及视网膜发育具有重要作用。

另外，脑黄金对于神经及心血管系统的健康也十分重要，不但可以提高认知力，还能降低心脏病等发病率。一般成人可由必需脂肪酸转化出脑黄金，但孕妈咪及婴幼儿则必须通过饮食，因此要增加富含脑黄金食物的摄取量。

孕妈咪若是缺乏脑黄金，容易导致胎儿的脑细胞膜和视网膜中的脑磷脂不足，极可能造成胎儿大脑及视网膜发育迟缓，因而造成流产、早产，或导致宝宝先天性近视，甚至先天迟缓等现象。

虽说摄取充足脑黄金对孕妈咪而言十分重要，但摄取过多仍会造成不良影响。首先，可能影响孕妈咪的免疫及血管功能；第二，富含脑黄金的食物通常为高热量食物，摄取过多可能使孕妈咪体重过重，反而对身体造成负担。

富含脑黄金的食物

富含脑黄金的食物主要是坚果。坚果的种类繁多，包含核桃、腰果、夏威夷果、杏仁、花生、胡桃、榛果、开心果、松子、葵花子、南瓜子以及瓜子等，孕妈咪可以每日适量摄取来补充所需营养。

8月

碳水化合物

功效：维持孕妈咪及胎儿身体热量需求

在这个阶段，孕妈咪需要特别注意碳水化合物的摄取，由于胎儿开始在肝脏及皮下储存脂肪，若无法从母体摄取足够的碳水化合物，容易造成酮症酸中毒或蛋白质缺乏。

人体所需能量中有70%来自碳水化合物，而碳水化合物主要由三大元素碳、氢、氧所组成，是生物细胞结构主要成分及供给物质，可说是地球上最丰富的有机物质，对人体有以下重要作用：供给能量、构成细胞和组织、调节脂肪代谢和维持脑细胞的正常功能等。

孕妈咪碳水化合物若摄取不足，可能导致胎儿脑细胞所需葡萄糖供应减少，而大幅减弱胎儿的记忆、学习及思考能力。

对于母体，则可能造成血糖含量降低，进而产生肌肉疲乏无力、身体虚弱、头晕、心悸以及脑功能障碍等症状，严重者还可能产生妊娠期低血糖昏迷。

碳水化合物是胎儿每日新陈代谢的必需营养素，最佳来源正是孕妈咪每日餐点中的主食，因此，孕妈咪的饮食必须定时定量，借以维持正常的血糖指数，才能供给胎儿新陈代谢所需营养素，帮助其正常生长。

虽说碳水化合物十分重要，但孕妈咪也不可因此而摄取过多，若是饮食中摄取过多碳水化合物，很容易转化为脂肪储存在体内，导致肥胖而妨害自身及胎儿健康，并可能罹患上妊娠高血压、妊娠糖尿病等疾病。

富含碳水化合物的食物

很多食物都富含碳水化合物，像是谷类、豆类、根茎蔬菜类及面粉制品等，谷类如白米、糙米、小米、紫米、燕麦、荞麦等；豆类如红豆、绿豆、黄豆、花豆、皇帝豆等；根茎蔬菜类如土豆、红薯等；面粉制品如粗面、细面、油面、米苔目、乌龙面、意大利面等。

毛豆仁炒茭白

碳水化合物

20 MIN

毛豆补足了口感，让茭白的风味更上一层楼，更提供了孕妈咪这个阶段所需的营养。

材料（1 人份）

毛豆 100 克　　茭白 150 克

调味料

盐 5 克　　食用油 5 毫升

1 备好食材

将茭白洗净后切斜刀，使其呈薄片状；毛豆洗净后，除去外壳，留下豆仁。

2 焯烫茭白

起一锅水，将茭白放入焯烫，待水煮沸便可捞出沥干。

营养重点

茭白含有丰富的营养素，包含蛋白质、维生素 C、钾、钠、碳水化合物等。与竹笋不同，茭白不会带有苦味，最好的烹调方式为清水焯烫，不仅可保存它的鲜，还能品尝到它的甜。

3 茭白炒香

起油锅，将沥干后的茭白放入拌炒，至香味传出。

4 毛豆仁增味

再放入毛豆仁一起拌炒，炒至其熟透。

5 茭白上色

在拌炒过程中，茭白需不停翻面，使之略微上色，加入盐调味即可。

奶油玉米笋

 碳水化合物

 20 MIN

薄芡让奶油及鲜奶的独特香气紧紧包覆住玉米笋，
孕妈咪一口咬下，满口都是鲜香。

材料（1人份）

玉米笋 200 克
鲜奶 80 毫升
奶油 5 克

调味料

白糖 5 克
盐 5 克
太白粉水适量

1 备好材料
将玉米笋洗净后，去除杂质部分，
再斜刀切成适口长度。

2 焯烫玉米笋
起一锅水，将玉米笋放入焯烫，待
锅里的水沸腾后，将玉米笋捞出沥
干备用。

3 熬煮入味
另起一锅，在锅里放入奶油溶化，
使其均匀覆盖锅底，再放入玉米笋
一起拌炒均匀，待香味传出后，加
入鲜奶一起熬煮入味。

4 调味增香
最后放入盐、白糖拌炒均匀，起锅
前，沿着锅边均匀地淋上太白粉水，
即可盛盘食用。

核桃仁花生芹菜汤

碳水化合物

30 MIN

核桃仁与花生的口感让汤品的层次更为丰富，
芹菜的清甜更是有着画龙点睛之妙。

材料（1人份）

西芹 100 克
核桃仁 30 克
花生 20 克

调味料

芝麻油 5 毫升
盐 5 克

1 备好材料
西芹洗净后，以刨刀去除较老的部分，再切成适口的长段；核桃仁、花生洗净，盛盘备用。

2 熬煮入味
起一锅水，放入芹菜煮至沸腾。

3 坚果熟透
待锅里沸腾后，加盐搅拌均匀，再放入核桃仁及花生继续熬煮至熟透。

4 芝麻油增香
待坚果熟透后，均匀地撒上芝麻油即可盛盘食用。

红烧土豆

 碳水化合物

 20 MIN

孕妈咪若喜欢青椒略带脆度的口感，下锅后不要拌炒太久，以免丧失脆度，口感偏向软烂。

材料（1人份）

土豆 250 克
青椒 80 克
胡萝卜 80 克

调味料

八角 5 克
酱油 20 毫升
白糖 5 克

1 备好材料

土豆、胡萝卜洗净后，去皮、切块；青椒洗净后，除去蒂头与籽，切成适口大小。

2 熬煮入味

将适量水及八角、酱油、白糖一起熬煮，至香味传出后。

3 炒香蔬菜

放入土豆、胡萝卜一起熬煮至熟透，再放入青椒一起拌炒，待青椒熟后即可盛盘食用。

清炒毛豆仁

碳水化合物 / 15 MIN

孕妈咪如果无法买到新鲜的毛豆，
也可选购超市的毛豆回来料理，还可省去剥壳的功夫。

材料（1人份）

┌ 毛豆仁 150 克
└ 姜末 10 克

调味料

┌ 食用油 5 毫升
└ 盐 5 克

1 姜末爆香

锅中注入适量油烧热，加入姜末爆香。

2 毛豆仁炒香

再放入毛豆仁一起拌炒，可加入少许水
一起煨煮。

3 加盖焖煮

加入材料盐拌匀，盖上锅盖，转中火，
熬煮至收汁即可盛盘食用。

玉米胡萝卜粥

碳水化合物 40 MIN

玉米及胡萝卜的鲜甜在米粥里尽情绽放，
舀起一匙轻放口中，令人不由细细品味起生活的美好。

扫一扫·轻松学

材料（1人份）

玉米粒 150 克
胡萝卜 50 克
白米粥 150 克

调味料

盐 5 克

1 备好材料

胡萝卜洗净，切小块。

2 熬煮米粥

起一锅水，放入白米粥、胡萝卜一起熬煮至沸腾，再转小火继续煮至稠状。

3 玉米粒增味

加入玉米粒搅拌均匀，熬煮 3~5 分钟，再放入盐均匀地搅拌，便可关火盛盘。

香菇炒西蓝花

泡发的香菇水具备独特香气，孕妈咪可以用它来为料理增香，
不仅口味更好，同时保留了更多的营养。

材料（1 人份）

西蓝花 120 克
香菇 2 大朵
姜 15 克

调味料

食用油 5 毫升
盐 5 克
芝麻油 5 毫升

1 备好材料

西蓝花洗净后，除去杂质、取小
朵；香菇洗净、用温水泡发后，
切成丝，并保留香菇水；姜洗净、
切丝。

2 姜丝爆香

起油锅，加入姜丝爆香。

3 坚果熟透

在锅里放入香菇、西蓝花一起翻
炒，淋上少许香菇水，再放入盐
拌炒均匀即可。

4 淋上芝麻油

待西蓝花熟透后，起锅前淋上芝
麻油增香即可。

珊瑚包菜

 碳水化合物

 20 MIN

包菜存放过久，容易散失大量的维生素 C，孕妈咪购买后应尽快料理。

材料（1 人份）

- 包菜 150 克
- 香菇 50 克
- 青椒 50 克
- 笋子 25 克
- 姜 15 克

调味料

- 食用油 5 毫升
- 盐 5 克
- 芝麻油 5 毫升

1 备好材料

将青椒、香菇、笋子分别洗净、切丝；包菜去老叶后洗净，切成适口长度。

2 爆香姜丝

起油锅，放入姜丝爆香。

3 蔬菜炒香

放入香菇、笋子及包菜一起拌炒，待包菜稍软后，再放入青椒一起拌炒均匀。

4 调味增香

最后在锅里放入盐，拌炒均匀，起锅前淋上芝麻油即可。

梅干苦瓜

料理梅干苦瓜时，水不要放太多，以免稀释梅干菜的甘味，
使苦瓜无法顺利吸收梅干菜释出的甘甜。

材料（1人份）

梅干菜 100 克	苦瓜 130 克
辣椒片 10 克	姜丝 10 克

调味料

八角 5 克	食用油 5 毫升
酱油 15 毫升	白糖 5 克

1 备好材料

苦瓜洗净后，去籽、切大块；辣
椒片洗净，切小段；梅干菜洗净，
切段。

2 辛香料爆香

砂锅注油烧热，爆香姜丝，再放
入辣椒片、八角一起拌炒3分钟。

3 梅干增味

加入酱油、白糖略微拌炒，再用
梅干菜铺平锅底，放入苦瓜、少
许水，水淹至食材的一半，大火
煮沸。

4 焖煮入味

待汤汁沸腾后，盖上锅盖，焖煮
45 分钟即可食用。

黄瓜拌凉粉

碳水化合物

15 MIN

妊娠后期孕妈咪偶尔会感到缺乏食欲，
这时便可准备一道黄瓜拌凉粉，不仅开胃，同时具备丰富的营养。

营养重点

小黄瓜含有丰富的水分及营养，包含膳食纤维、维生素 A、维生素 C、钾、钙、铁等营养成分，可增进孕妈咪的食欲。

材料（1 人份）

凉粉 150 克　小黄瓜 80 克

调味料

芝麻酱 15 克　酱油 10 毫升
芝麻油 5 毫升

1 备好材料

准备冰开水，洗净凉粉后沥干备用；
小黄瓜洗净，切丝。

2 调和酱料

取小碗，将芝麻酱以温水调合成芝麻酱糊，再放入酱油及芝麻油一起拌匀。

3 面酱合一

将小黄瓜丝与凉粉一起放入盘中，淋上酱料，搅拌均匀即可食用。

南瓜包

南瓜包很适合作为孕妈咪正餐之间的点心，
冬日下午来上一个，令人不由得嘴角轻轻上扬。

材料（1人份）

- 南瓜 200 克　糯米粉 150 克
- 藕粉 30 克　鲜香菇 5 朵

调味料

- 素肉酱 30 克　食用油 25 毫升
- 酱油 10 毫升　白糖 5 克

1 备好材料

南瓜洗净后，去皮、去籽，放入蒸锅中蒸熟；香菇洗净，切末。

2 南瓜糯米团

将蒸熟后的南瓜压泥，与糯米粉、藕粉及食用油充分揉匀，放置一旁备用。

3 制作馅料

起油锅，将香菇炒香，再放入素肉酱、酱油及白糖拌炒均匀，盛盘备用。

4 擀制包子

将揉好的南瓜糯米团分成大小均匀的若干份，擀成包子皮后包入馅料，放入蒸锅蒸 10 分钟即可食用。

芹菜粥

碳水化合物

40 MIN

芹菜及玉米的鲜美都在米粥中尽情绽放，
是很适合孕妈咪食用的一道粥品。

材料（1人份） 🥄🍴

芹菜 50 克　玉米粒 50 克

白米饭 150 克　盐 5 克

调味料

盐 5 克

1 备好材料

芹菜洗净后切末，与玉米粒一起盛盘备用。

2 熬煮米粥

起一锅水，加入白米饭熬煮至米粒熟烂。

3 添加蔬菜

在熬煮熟烂的米粥中，加入玉米粒及芹菜一起熬煮，转小火继续熬煮至芹菜熟透。

4 调味增香

待芹菜熟透，在锅里加入盐一起熬煮，搅拌均匀后即可盛盘食用。

腰果鲜蔬炒饭

玉米、胡萝卜及毛豆的天然色彩，让炒饭看起来更美味了，
孕妈咪也可以选择自己喜欢的食材做替换。

材料（1 人份）

- 米饭 150 克
- 腰果 10 克
- 胡萝卜 20 克
- 毛豆 20 克
- 玉米粒 20 克

调味料

- 食用油 5 毫升
- 酱油 30 毫升

1 备好材料

将胡萝卜洗净后，切成与毛豆差不多大
小的小丁。

2 炒香蔬菜

起油锅，放入胡萝卜炒香，再下米饭炒
散，最后放入玉米粒、毛豆拌炒均匀。

3 酱油增香

沿着锅边均匀地淋上酱油并拌炒均匀，
使米饭充分沾附到酱汁。

4 添加腰果

最后放入腰果拌炒均匀以增添口感，即
可盛盘食用。

莲子红枣糙米粥

脑黄金　50 MIN

若要增加米粥里的甜度，可以把红枣事先划开，
这样米粥里的甜味会更明显。

材料（1 人份）

糙米 70 克　莲子 20 克
红枣 5 颗

调味料
白糖 5 克

1 备好材料
莲子洗净后去芯浸水；红枣洗净后
备用；糙米洗净后泡水。

2 熬煮米粥
锅中注入适量水，加入糙米、莲子
一起熬煮，沸腾后转小火继续熬煮
半小时。

3 红枣增色
待米粒煮开之后，加入红枣、白糖
搅拌均匀，再熬煮 15 分钟即可。

冬笋小黄瓜

芝麻油可增添黄瓜与冬笋的风味，让这道料理变得更美味。

材料（1人份）

> 竹笋 200 克
> 小黄瓜 120 克
> 姜 15 克

白糖 5 克

> 食用油 5 毫升
> 盐 5 克
> 芝麻油 5 毫升

1 备好材料
竹笋洗净；小黄瓜洗净后切片；姜洗净，切末。

2 焯烫竹笋
起一滚水锅，放入竹笋煮 5 分钟，捞出，沥干。

3 蔬菜拌炒
起油锅，爆香姜末，放入竹笋略炒，再放入小黄瓜一起拌炒。

4 调味增香
待小黄瓜呈现熟色，加入盐、芝麻油，大火翻炒 3 分钟即可起锅、盛盘食用。

银耳莲子汤

汤里的甜味很有层次感，一个来自枸杞的甘甜，
一个则来自黑糖的浓醇甜味，很适合孕妈咪饮用。

营养重点

莲子含有丰富的营养，如
维生素 B_2、维生素 E、蛋
白质、食物纤维等，并具
有安神养心的作用。

材料（1 人份）

银耳 150 克　枸杞 30 克
鲜莲子 100 克

调味料

黑糖 15 克

1 备好材料

鲜莲子去芯后洗净；银耳洗净，切
小块；枸杞洗净，泡水，备用。

2 熬煮汤料

起一锅水，加入银耳，熬煮至沸腾，
再下莲子继续中火熬煮 20 分钟。

3 枸杞添色

待莲子煮熟后，放入枸杞及黑糖搅
拌均匀，等枸杞煮至膨胀后，即可
盛盘食用。

麦片优酪乳

优酪乳含有丰富的钙质、蛋白质和乳酸菌，麦片的纤维素则可以帮助排便顺畅，建议容易胀气的孕妈咪以优酪乳替代鲜乳，营养价值更高喔！

营养重点

芝麻口感好，并拥有丰富的营养素，膳食纤维、B族维生素与维生素E、镁、钾、锌都包含在其中。

材料（1人份）

原味优酪乳 250 毫升
麦片 30 克

调味料

黑芝麻 15 克

1 备好材料

取大碗，装入优酪；将麦片、黑芝麻分别装在小碗中备用。

2 炒香黑芝麻

取一锅，倒入黑芝麻不停地翻炒干煎，待香味传出后，即可关火备用。

3 均匀混合

往盛装优酪乳的大碗里放入麦片搅拌均匀，最后在上面均匀地撒上炒香的黑芝麻即可。

杏仁奶露

自己制作的杏仁奶露，无须担心食材来源及摄取过多的糖分，孕妈咪可以安心食用。

材料（1人份）

- 杏仁 100 克
- 花生 25 克
- 鲜奶 75 毫升

调味料

- 白芝麻适量
- 细砂糖 10 克

1 备好材料

杏仁、花生各自去膜、洗净，泡水5 小时后沥干备用；白芝麻预先干锅炒香备用。

2 搅打成汁

将泡过的杏仁、花生与鲜奶、水放入果汁机内搅打，并滤除细渣。

3 砂糖增甜

取一锅，倒入做法 2 的汁水，以小火煮至沸腾，再加入砂糖在锅中拌匀，过程中需不停搅拌，以免烧焦。

4 白芝麻增香

待砂糖完全溶解后即可盛盘，食用前撒上白芝麻增香即可。

核桃蜂蜜豆浆

添加核桃末与蜂蜜的豆浆，口感层次更多，在口腔里的韵味也更为绵长。

材料（1 人份）

豆浆 300 毫升　核桃 80 克

调味料

蜂蜜 30 克

1 干煎核桃

取一锅，放入核桃干煎出香味后，便关火盛盘。

2 捣碎核桃

取研钵，将核桃放入捣碎成末。

3 搅拌均匀

将豆浆、核桃末倒入小碗中混合均匀。

4 蜂蜜增味

再倒入蜂蜜，搅拌均匀即可。

黑芝麻牛奶粥

碳水化合物 15 MIN

黑芝麻的香气，经过充分的熬煮后完全绽放在米粥里面，
又添加了冰糖的甜味，是道极为适合孕妈咪食用的粥品。

扫一扫·轻松学

材料（1人份）

- 糯米饭 70 克
- 黑芝麻 10 克
- 牛奶 250 毫升

调味料

冰糖 10 克

1 备好材料

黑芝麻捣碎后，放入碗中备用。

2 熬煮米粥

起水锅，将糯米饭、黑芝麻、冰糖一起熬煮至沸腾，转小火继续熬煮至黏稠状。

3 加入牛奶

待米粥呈现熟烂状，加入牛奶搅拌均匀即可。

花生红薯汤

红薯自然的甜味经过熬煮融在汤汁里，搭配温润的鲜奶，
成为一道适合冬天的暖心甜品。

扫一扫·轻松学

材料（1人份）

红薯 240 克
花生 50 克
牛奶 200 毫升

1 备好材料

花生洗净后，浸泡在水中；红薯
洗净后去皮，切小块。

2 熬煮红薯

锅中加入红薯、花生及适量水一
起熬煮至沸腾。

3 加入鲜奶

加入牛奶，以中火继续炖煮30
分钟，直至红薯熟透，盛盘即可。

梨子核桃汤

梨子经过熬煮成了冬日最好的一道汤品，起风的午后来上一碗，
让孕妈咪从里到外都温暖起来。

材料（1人份）

梨子 100 克　核桃 50 克

调味料

冰糖 20 克　太白粉 10 克

1 备好材料

将梨子洗净后去皮，切小块；太白
粉以少许温开水调开。

2 熬煮甜汤

取一锅，放入适量的清水、核桃及
冰糖一起熬煮，沸腾后放入梨子继
续熬煮。

3 加入薄芡

待梨子呈现透明状，再沿着锅边均
匀地淋上太白粉水即可起锅食用。

Part 5

孕期 9、10 月
精选食谱

孕期9、10月，孕妈咪需要补充足够的膳食纤维与硫胺素。怀孕后期，胎儿逐渐增大，造成孕妈咪身体的负担，很容易产生便秘及内外痔的现象，因此，必需摄取足够的膳食纤维，并搭配良好的运动与排便习惯，才能避免这种情况。另外，摄取足够的硫胺素可以避免产程延长及分娩困难，对孕妈咪来说也是非常重要的。

怀孕月份

9月

膳食纤维

功效：促进肠道蠕动，防止孕妈咪便秘

膳食纤维对人体有很多好处，例如促进肠道蠕动、预防痔疮、改善便秘、降低胆固醇、控制血糖等，对孕妈咪尤为重要，因此，怀孕后期的孕妈咪应该从饮食中补充足够的膳食纤维。

孕妈咪摄取足够的膳食纤维，不仅能够增加饱足感，有助体重的控制，还能促进肠道蠕动，防止便秘的发生。怀孕后期，胎儿增大更为明显，很容易对孕妈咪的身体造成负担，因此要多摄取膳食纤维，以避免便秘的发生。

膳食纤维在胃部吸水膨胀后，体积会增大，使孕妈咪产生饱足感，进而有利于体重的控制。另外，膳食纤维进入肠道后，可以减少肠道对脂肪、蛋白质及胆固醇等物质的吸收，避免胎儿发育过大，造成生产困难。

膳食纤维还有一个很棒的特点，可以减缓食物糖分的吸收，可说是天然的"碳水化合物阻滞剂"。很多孕妈咪都会罹患妊娠糖尿病，需要严格控制血糖，这时摄取足够的膳食纤维，可以减缓糖分的吸收，达到稳定血糖的功效。

膳食纤维可以分为两种：水溶性与非水溶性，前者主要成分为果胶、阿拉伯胶之类的黏性物质，具有黏性，会溶于水中而变成胶体状；后者主要成分为木质素、纤维素及半纤维素等，虽然不溶于水，却可以吸附大量水分，进而促进肠道蠕动。

孕妈咪摄取足够的膳食纤维的同时，还要补充大量的水分，膳食纤维才能发挥最大的效用。

富含膳食纤维的食物

许多食物都含有丰富的膳食纤维，像是胡萝卜、土豆、南瓜、豆芽、芹菜、西蓝花、海带、芦荟、秋葵、苹果、木瓜、魔芋、燕麦和全麦面包等，其中根茎类蔬菜及果皮中的含量较多。

怀孕月份
10 月

硫胺素

功效：避免延长产程，造成分娩困难

孕期最后 1 个月，需要补充足够的钙、铁、维生素等，其中，以硫胺素最为重要，孕妈咪需从饮食中充分摄取，才不会增加产程的困难。

硫胺素又称维生素 B_1，易溶于水，却很容易在加热过程中遭破坏，对神经组织及精神状态有重要影响，长期缺乏，可能导致横纹肌溶解症，甚至造成死亡。

硫胺素不足，孕妈咪容易出现全身乏力、疲累倦怠、头痛失眠、食欲不佳、经常呕吐、心跳过快、小腿酸痛等症状，严重者甚至还会影响分娩时的宫缩，延长产程，造成分娩的困难。

硫胺素是人体必需营养素之一，与体内热量及物质代谢有很密切的关系，当人体缺乏硫胺素，也会出现全身无力、疲累倦怠等不适现象，因此，可以知道硫胺素是对人体很重要的营养素。

现代社会由于饮食精致化，摄取的硫胺素几乎是农业社会的一半，复杂的加工程序同时也降低了硫胺素的含量，正因如此，建议孕妈咪尽量选择粗粮来当主食，以增加硫胺素的吸收。

硫胺素多半存在谷物外皮及胚芽中，若是去掉外皮及碾掉胚芽，很容易造成硫胺素的流失，有些地方因为米粮过度精致化，反而诱发脚气病的风行。另外，过度清洗米粒、烹煮时间过长、加入苏打洗米等行为，也会导致硫胺素的流失。

富含硫胺素的食物

许多食物都蕴含丰富的硫胺酸，其中以全谷类及豆类最为丰富，全谷种类包含糙米、胚芽米、紫米、小麦、大麦等，豆类则有红豆、绿豆、黑豆、黄豆、花豆、皇帝豆等。

青椒镶饭

甜椒含有类胡萝卜素，搭配油脂炒食，可以有效提高人体对类胡萝卜素的摄取吸收。

材料（1 人份）

┌ 西红柿 100 克
│ 红椒 1 个
│ 青椒 1 个
│ 香菇 20 克
└ 米饭 150 克

调味料

┌ 食用油 10 毫升
└ 酱油 10 毫升

1 备好食材

西红柿洗净后，去除蒂头、切成小丁；香菇洗净后，先把蒂头切下，再切小丁。

2 处理甜椒

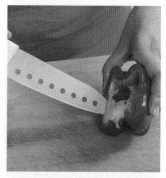

将青椒、红椒洗净后，去除蒂头及籽，再对半切开。

营养重点

红椒含有 β – 胡萝卜素、维生素 A、B 族维生素、维生素 C、维生素 K、钾、磷、铁等丰富营养素，并且具备充足的水分，口感脆甜，不仅适合生吃，料理后也无比美味。成人一天只要食用两个甜椒，便可以摄取到人体一天所需的维生素 C。

3 甜椒切丁

保留一半青、红椒当做盛装的容器，其余一半切成小丁。

4 炒香食材

起油锅，将所有蔬菜及香菇一起炒熟，再放入米饭一起拌炒，待米粒被炒散之后，沿着锅边均匀地淋上酱油，并来回翻炒均匀便可关火。

5 填入米饭

将炒好的食材放入另一半切好的青、红椒内压实、铺平。

6 烤制 8 分钟

将镶有米饭的青、红椒放入烤箱，转至170℃烤制 8 分钟，即可取出食用。

芝麻荷兰豆粥

硫胺素

在进行荷兰豆烹调之前，要将豆茎先行摘除，否则容易影响口感，而且不易消化。

材料（1人份）

黑芝麻 20 克　荷兰豆 50 克
核桃仁 15 克　白米饭 150 克

调味料

盐 5 克

1 备好材料
荷兰豆洗净后，去除豆茎等口感较老的部分。

2 芝麻炒香
起干锅，放入黑芝麻拌炒至香味传出，再放入研钵里捣碎。

3 熬煮米粥
另起一锅，加入适量水、白米饭及荷兰豆一起熬煮。

4 加盐调味
待米粥沸腾后，加入核桃仁、盐拌煮均匀，再转小火继续熬煮至米粥熟烂。

5 芝麻增香
待米粥呈现稠状，便可起锅，装碗后在米粥上均匀撒下芝麻粉末即可食用。

百合粥

膳食纤维 / 20 MIN

喜欢百合的孕妈咪可以把花瓣切碎，让百合的味道与米粥更加融合。

材料（1人份）

百合 20 克
白米饭 150 克

A 冰糖 15 克

1 备好材料
将百合洗净，去除黑色部分。

2 熬煮米粥
起一锅水，加入白米饭及百合一起熬煮至沸腾。

3 冰糖增味
待煮至沸腾后，加入材料 A 一起熬煮，并且不停地搅拌使之分布均匀。

4 装碗食用
冰糖均匀地分布在米粥后，转小火继续熬煮至稠状，即可关火，并装碗食用。

南瓜油菜粥

 膳食纤维

 40 MIN

南瓜经过熬煮，甜味全部融化在米粥里，
一碗米粥不仅为孕妈咪补足纤维质，还增添丰富的膳食纤维。

扫一扫·轻松学

材料（1人份）

白米粥 150 克
南瓜 60 克 油菜 60 克

调味料

盐 5 克

1 备好材料

南瓜洗净后，去皮、去籽、切成小
丁；油菜洗净后，切成适口长度。

2 熬煮米粥

起一水锅，加入白米饭、南瓜一起
熬煮至沸腾，再转小火继续熬煮至
米粥呈现黏稠状。

3 加入油菜

在锅里放入油菜一起熬煮，待油菜
煮熟后，加盐搅拌均匀即可食用。

核桃仁炒西蓝花

膳食纤维　20 MIN

西蓝花因为营养丰富及其外形，被誉为"蔬菜皇冠"，同时也是高纤维蔬菜，加上核桃仁有助通便排毒的油脂成分，让孕妈咪不再有便秘的烦恼。

扫一扫·轻松学

材料（1人份）

西蓝花 150 克
核桃仁 15 克
姜 15 克

调味料

食用油 5 毫升
盐 5 克

1 备好材料
将西蓝花洗净，切小朵；姜洗净，切末。

2 焯烫西蓝花
起一锅水，将西蓝花放入焯烫。

3 拌炒食材
起油锅，放入姜末爆香，再下西蓝花、盐及少许水拌炒均匀。

4 加入核桃仁
起锅盛盘后，均匀地撒上核桃仁即可食用。

五仁粥

 硫胺素

 40 MIN

坚果虽然蕴含丰富的硫胺素，但孕妈咪仍应适量食用，避免造成身体的负担。

材料（1 人份）

- 白米饭 100 克
- 芝麻 5 克
- 核桃仁 15 克
- 杏仁 15 克
- 花生 15 克
- 瓜子仁 10 克

调味料

冰糖 5 克

1 备好材料

将芝麻、核桃仁、杏仁、花生及瓜子仁干锅炒香，盛盘备用。

2 捣碎坚果

取研钵，将核桃仁、杏仁、花生、瓜子仁及芝麻放入捣碎。

3 熬煮米粥

起水锅，放入白米饭及材料 A 熬煮至浓稠状。

4 坚果添香

最后放入捣碎的芝麻及坚果碎末，搅拌均匀，便可关火盛盘。

牛奶粥

牛奶粥在熬煮时很容易溢出或烧焦，
料理过程中需小心看顾，才能一尝美味。

硫胺素 · 40 MIN

材料（1人份）

鲜奶 400 毫升
白米饭 150 克

调味料

黑糖 5 克

1 熬煮米粥

取一锅，加入鲜奶、米饭熬煮至
沸腾。

2 煮至稠状

待米粥沸腾后，转小火继续熬煮
至黏稠状。

3 黑糖增味

米粥煮至黏稠状后，加入黑糖搅
拌均匀，即可盛盘食用。

香菇芹菜糙米粥

经过长时间的熬煮，糙米、香菇以及西芹的营养全在米粥里，
是提供孕妈咪满满活力的绝佳来源。

材料（1人份）

- 糙米饭 150 克
- 香菇 3 朵
- 西芹 60 克

调味料

- 酱油 10 毫升
- 芝麻油 5 毫升

1 备好材料

香菇洗净后，切下蒂头，再切块；
西芹洗净，切成适口长度。

2 熬煮米粥

起水锅，放入糙米饭、香菇一起熬
煮至沸腾，转小火继续熬煮至米粒
熟烂。

3 芹菜增香

米粒熟烂并呈现稠状时，加入西芹
一起熬煮，待西芹熟后，加入酱油
搅拌均匀。

4 芝麻油增香

起锅前，均匀淋入芝麻油并略微搅
拌即可。

燕麦红枣粥

膳食纤维

红枣的甜香经过熬煮全部融化在米粥里，孕妈咪吃上一口，
不只吃进美味，也吃进健康。

材料（1 人份）

白米 40 克
糯米 60 克
燕麦片 30 克
红枣 10 个

调味料

冰糖 5 克

1 备好材料
将白米、糯米洗净后，浸泡在水中 1 小时。

2 熬煮米粥
起水锅，将泡好的白米及糯米一起熬煮至沸腾。

3 红枣增味
待米粥煮至沸腾，加入红枣、冰糖搅拌均匀，再转小火继续熬煮至黏稠状。

4 加入麦片
最后放入麦片搅拌均匀，再煮 5 分钟即可起锅食用。

香菇豆腐塔

 膳食纤维 35 MIN

香菇与素肉酱的混合，点缀了豆腐较为单一的口感，很适合孕妈咪食用。

材料（1 人份）

豆腐 40 克
鲜香菇 3 朵

调味料

素肉酱 20 克　太白粉 20 克
酱油 10 毫升　白糖 5 克　芝麻油 5 毫升

1 备好材料

豆腐沥干后，切成两块，盛盘备用；香菇洗净，剁成碎末。

2 揉捏成团

取大碗，将香菇、肉酱、太白粉均匀搅拌成团。

3 放入蒸锅

将做法 2 分成两团放置在已盛盘的豆腐上，再放到蒸锅中蒸 20 分钟，熟透即可取出。

4 调和酱料

取小碗，加入酱油、白糖及芝麻油搅拌均匀，待糖粒完全溶解便可。

5 调料增香

将酱汁淋在蒸熟的豆腐素肉上即可食用。

炝土豆丝

土豆经过焯烫会去掉多余的淀粉质，并可缩短拌炒时间，对孕妈咪来说，是很方便的一道菜肴。

材料（1人份）

土豆250克　西芹40克

材料（1人份）

花椒5克　食用油5毫升
白醋5毫升　酱油10毫升

1 备好材料

土豆洗净、去皮，切细丝；西芹洗净、去除老皮，切成细条。

2 焯烫蔬菜

起一锅水，放入土豆丝焯烫，捞出、沥干备用。

3 炒土豆丝

起油锅，将土豆丝入锅炒香，炒至香味传出。

4 加入西芹

待香味传出后，放入西芹一起拌炒至有熟色。

5 花椒增香

最后放入花椒一起拌炒均匀，再下白醋、酱油快速翻炒至味道均匀即可起锅。

板栗核桃粥

硫胺素

40 MIN

增加些微甜味的板栗核桃粥，有着坚果的浓郁煎香，
与板栗、米粥散发的自然清甜，很适合在冬日午后来上一碗。

材料（1人份）

核桃仁 50 克　板栗 50 克
白米饭 150 克

调味料

冰糖 5 克

1 干煎核桃仁

取一锅，将核桃放入锅内干煎，待
香味传出后即可盛盘备用。

2 熬煮米粥

起水锅，加入米饭、板栗一起熬煮
至沸腾，加入煎香的核桃仁，再转
小火继续熬煮至米饭呈现黏稠状。

3 调味增甜

加入冰糖来回搅拌至完全溶化，即
可起锅食用。

花生木瓜甜枣汤

木瓜经过熬煮会在汤里散发浓郁的香味，
喜欢甜味较重的孕妈咪，可加入一小匙冰糖一起熬煮。

材料（1 人份）

┌ 木瓜 100 克
│ 花生 100 克
└ 红枣 5 个

1 备好材料

木瓜洗净后，去皮、去核、切块；
花生、红枣洗净，沥干。

2 熬煮花生

起水锅，加入花生及红枣一起熬
煮至沸腾。

3 木瓜增味

待锅中沸腾后，加入木瓜轻轻搅
拌，继续熬煮至花生熟烂即可起
锅食用。

花生紫米粥

花生紫米粥经过一段时间的熬煮，米粒熟烂清甜，对孕妈咪来说是很棒的食物。

材料（1人份）

紫米 30 克　花生 20 克

调味料

冰糖 5 克

1 干煎核桃

紫米洗净后，泡在水中 3 小时。

2 熬煮米粥

起一锅水，加入紫米、花生一起熬煮，沸腾后转小火继续熬煮至米粒熟烂。

3 冰糖增甜

加入冰糖搅拌均匀，待冰糖完全溶化即可起锅食用。

红枣山药粥

山药经过长时间的熬煮，淀粉质完全释放在米粥里，
口感显得绵密清甜，很适合冬日食用。

材料（1人份）

- 圆糯米 150 克
- 红枣 5 颗
- 山药 100 克

调味料

冰糖 5 克

1 备好材料
圆糯米洗净后，在水中浸泡 2 小时；山药洗净、去皮后，放在盐水中浸泡以去除黏液，洗净、沥干后切小块。

2 熬煮米粥
起一锅水，加入浸泡后的圆糯米、山药及红枣一起熬煮，煮至沸腾后转小火继续熬煮。

3 冰糖增甜
待米粒煮至熟烂，加入冰糖搅拌均匀，即可起锅食用。

红枣布丁

膳食纤维　150 MIN

市售布丁添加了太多食品添加物，孕妈咪多半吃得不安心，
自己动手做的话原料来源十分清楚，不必担心造成身体的负担。

材料（1人份）

鲜奶 200 毫升
红枣 100 克　洋菜 30 克

调味料

黑糖 10 克

1 备好材料

将红枣洗净后，放入锅中熬煮熟烂，
去核后放凉备用。

2 制作洋菜液

洋菜用凉水泡软后，起水锅熬煮洋
菜液，沸腾后关火放凉。

3 搅打均匀

将鲜奶及煮好的红枣放在果汁机中
搅打均匀。

4 熬煮布丁

将洋菜液放入做法 3 的汁水中熬煮
至沸腾，需不停搅拌以免烧焦。

5 黑糖增香

煮至沸腾后，再下黑糖搅拌均匀，
即可关火。

6 冰镇定型

倒入干净、无水分的布丁模里，待
冷却后放入冰箱凝固即可。

红枣糕

硫胺素

50 MIN

堅果中含有丰富的硫胺素，对孕妈咪来说是很好的食材，红枣糕拿来当做早餐或午后小点心都很适合。

材料（1人份）

红枣 100 克　枸杞 30 克
核桃仁 30 克　葡萄干 30 克
黑芝麻 30 克　松子 30 克
糙米 30 克　薏仁 30 克

A　面粉 100 克　红糖 30 克

1 备好材料
红枣洗净后去核、剁碎；枸杞、核桃仁、黑芝麻、松子、糙米及薏仁洗净备用。

2 制作面糊
取大碗，放入材料A及适量水，搅拌均匀呈黏稠状，再放入红枣、葡萄干、枸杞、核桃仁、黑芝麻、松子、糙米及薏仁搅拌均匀，使之没有结块。

3 放入蒸锅
将面糊放入模具中，再放入蒸锅中以中火蒸煮20分钟，再焖10分钟，待冷却后倒出，便可切片食用。

蜜烧红薯

 膳食纤维

 50 MIN

蜂蜜与红薯的组合十分可口，孕妈咪食用时，
不仅甜进心里，也会摄取到足够的纤维与淀粉质。

营养重点

红薯含有丰富的类胡萝卜
素、糖类、维生素A、维
生素C、钙、磷、铜、钾
等营养素，其中富含的膳
食纤维还可增加饱足感。

材料（1人份）

红薯 150 克　红枣 40 克

调味料

蜂蜜 30 克

1 备好材料

红薯洗净后，去皮、切小块；红枣
洗净后，泡水备用。

2 熬煮红薯

起一锅水，加入红薯、红枣一起熬
煮，沸腾后转小火加盖焖煮，至红
薯熟烂。

3 蜂蜜增甜

放入蜂蜜搅拌均匀，小火继续熬煮
3 分钟即可关火起锅。

红糖山药

甜甜的红糖加上厚实的山药，吃上一口，
仿佛暖进心口，对孕妈咪来说是不错的选择。

营养重点

山药含有的蛋白质是红
薯的两倍，并饱含营养
素，像是糖类、蛋白质、
B 族维生素、维生素 C
及维生素 K 等，属于较
不易使人发胖的食材。

材料（1 人份）

山药 150 克

调味料

红糖 30 克

1 备好材料

山药洗净后去皮，切小块。

2 熬煮山药

起一锅水，放入山药一起熬煮至
熟烂。

3 红糖增甜

待山药煮至熟烂，加入红糖搅拌
均匀即可关火起锅。

香蕉蓝莓土豆泥

膳食纤维

香蕉泥与土豆泥混合后，口感十分丰富，
加上蓝莓与蜂蜜的独特风味，令孕妈咪忍不住一口接着一口。

材料（1人份）

香蕉 150 克
土豆 50 克
蓝莓 40 克

调味料

蜂蜜 20 克

1 备好材料

蓝莓洗净备用；土豆洗净后，去皮切块。

2 蒸熟土豆

将土豆放入蒸锅蒸至熟软，取出压成泥状，放凉备用。

3 香蕉捣泥

香蕉去皮，放入研钵中捣成香蕉泥，备用。

4 混合搅拌

取一大碗，将香蕉泥、土豆泥放在一起搅拌均匀，再用冰激凌匙挖出盛盘。

5 点缀蓝莓

最后在上方放置清洗干净的蓝莓，淋上蜂蜜即可食用。

芒果柳橙苹果汁

早晨一杯自制的蔬果汁，为一天带来满满活力及营养，
孕妈咪也可以选择自己喜欢的水果来做搭配，美味更加倍！

材料（1 人份）

芒果 50 克
柳橙 50 克
苹果 50 克

A 蜂蜜 10 克

1 备好材料

将芒果沿着果核切开，取上块，
再用水果刀在果肉上画若干交叉
线，抓住两端翻面，取出果肉；
苹果洗净后，去皮、去籽并切块；
柳橙洗净后，去皮、去籽，取出
果肉。

2 熬煮米粥

将苹果、柳橙、芒果及 150 毫升
开水放入榨汁机中搅拌均匀。

3 冰糖增甜

搅拌完成后，加入材料 A 搅拌均
匀，即可饮用。

木瓜苹果泥

木瓜含有丰富的酵素，苹果蕴含大量维生素 C，
两者搭配口感绝佳，营养更是满分。

材料（1 人份）

木瓜 50 克
苹果 100 克

1 备好材料
将苹果及木瓜洗净后，各自去皮、
去籽、切小块。

2 搅打成泥
将苹果、木瓜放入果汁机内一起搅
打，呈现泥状便可停止。

3 装碗食用
装入碗中即可食用。

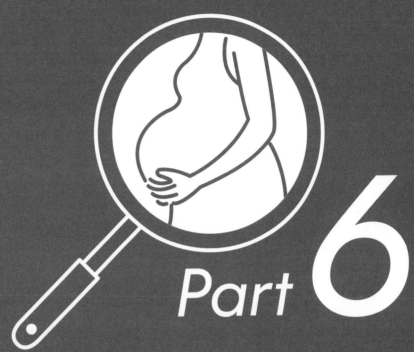

Part 6

孕期相关知识

每个阶段的孕期都有必须熟知的小常识，这个单元把这些小常识通通集合起来，按照孕期先后，循序渐进地让读者了解相关小常识，并开辟"准爸爸看护指南"，让准爸爸明白孕妈咪及胎儿的需求，因应每个阶段另一半的变化，做好万全准备，开心迎接新成员的到来。

怀孕前期

 叮咛一

初次怀孕的孕妈咪，通常不会察觉到身体细微的变化，可能误食药物或轻忽生活细节，因而对自己与胎儿产生不良影响。怀孕初期的身体反应与感冒症状有些相似，孕妈咪若是自行购买成药，不但达不到治疗效果，还有可能生出畸形儿，最好的办法便是请医师诊治。

叮咛二

在怀孕前几周，由于孕妈咪对于身体的各种新变化还没完全适应，因此非常容易疲劳，经常想睡觉，而且怀孕会促使黄体激素大量分泌，使脑部某些特定部位产生麻痹，这也会影响孕妈咪产生睡意。怀孕初期，孕妈咪每日必需睡足八小时，中午也可以养成午睡片刻的习惯。

叮咛三

孕妈咪每天睡醒，一定得吃早餐，从入睡到起床经过了很长一段时间，如果没有适时补充食物来供应血糖，孕妈咪会出现反应迟钝、注意力分散、精神萎靡甚至头昏、晕眩等症状。为了自己与胎儿的健康，孕妈咪就算没有吃早餐的习惯，也要在孕期中培养。

叮咛四

孕妈咪不可食用太多油炸食物。高温处理后，食物中蕴含的营养素会受到严重破坏，营养价值大幅降低，加上脂肪含量急速上升，会造成营养难以吸收的情况。同时，孕妈咪妊娠后，消化功能下降，食用油炸食物容易产生饱足感，导致下一餐食量减少，因而对身体产生负担。

准爸爸
看护指南

1. 避免孕妈咪活动量过少

许多准爸爸因为珍视另一半，不仅家事揽上身，还希望孕妈咪停止工作，担心过程中被碰撞。事实上，孕妈咪活动量过少，极可能导致体质变弱，甚至增加流产几率。

2. 保持妻子良好情绪

准爸爸必需协助孕妈咪维持良好的情绪，这对胎儿的生长发育以及顺利分娩都有很大帮助。孕妈咪情绪起伏可能十分剧烈，这时准爸爸要给予更大的包容，才能使另一半保持好心情。

3. 建立良好饮食习惯

孕妈咪在妊娠期间，需维持良好饮食习惯，摄取充足而均衡的营养，准爸爸可以从日常生活习惯做起，协助孕妈咪一起达成目标，甚至建构出整个家庭的良好饮食习惯，并执行下去。

4. 开车应平稳

准爸爸开车接送孕妈咪，在路途上应避免紧急煞车及驾驶不稳定，要秉持不让另一半担心的原则，严格遵守交通规则，拒绝违规行为，才能让孕妈咪整趟路程平安又放心。

怀孕中期

叮咛一

孕妈咪洗澡时间不宜过久。洗澡时浴室呈现通风不良的状态，湿度极高，导致空气中含氧量偏低，加上皮肤接触到热水，孕妈咪的血管容易产生扩张，血液多数流入四肢与躯干，较少血液流向大脑与胎盘，因此容易产生昏沉现象，孕妈咪洗澡时间过长，甚至可能造成昏厥。

叮咛二

孕妈咪切勿因为怀孕而饭量暴增，例如原先每餐一碗饭，孕后刻意增加至每餐两碗饭，孕妈咪饭量加倍，不等于胎儿吸收的营养加倍，多吃的部分很可能变为孕妈咪身上多余的脂肪。因此，慎选富含营养素的食物，少吃油炸食物及食品添加物，才是饮食的上上之策。

叮咛三

孕妈咪与胎儿需要一个健康的居住环境，才能让母体与胎儿维持愉悦心情。室内最好保持干净整洁、光线明亮以及空气流通，室温则建议停留在令孕妈咪最感舒服的状态，温度太高使人精神不济；温度太低则容易着凉、感冒。此外，室内摆饰也要以孕妈咪的安全为优先。

叮咛四

不是所有运动都适合孕妈咪，幅度及强度较剧烈的运动应避免，例如举重及仰卧起坐，这两种运动都会妨碍血液进入肾脏与子宫，进而影响胎儿的安全。也不可跳跃、快跑、忽然转弯及弯腰，或是长时间运动，这些都会引起孕妈咪的不适反应，应该尽量避免。

准爸爸看护指南

1. 花时间陪伴

准爸爸在另一半的孕期过程中，应抽出足够时间陪伴。一起阅读妊娠相关书籍，挑选适合的影片、音乐，与她一同欣赏，都能使双方感到愉悦，这种正面能量也会完整地传递给胎儿。

2. 注意胎动

根据统计，若胎动停止 12 小时，胎儿很可能已经失去生命迹象。准爸爸要协助一起记录胎动。胎儿安静或睡眠时胎动会减少，当孕妈咪轻拍腹部或进食，胎儿便会醒来开始动作。

3. 为孕妈咪挑选一双好鞋

孕妈咪怀孕后，脚形会改变，这时准爸爸可体贴地为她挑选一双适合的鞋子，应选择低鞋跟、宽鞋头、可止滑的鞋子，这种鞋有利孕妈咪脚部的血液回流到心脏，能防止下肢水肿。

4. 提醒孕妈咪谨慎使用外用药

孕妈咪在妊娠期间，应谨慎用药，外用药会透过皮肤，经由血管让胎儿吸收，可能损及胎儿健康。准爸爸陪同孕妈咪至医院产检时应询问清楚，并在另一半妊娠期间时时留心、提醒。

怀孕后期

 叮咛一

孕妈咪在怀孕后，由于内分泌的变化，心理及情绪都会产生波动，进入怀孕后期之后，由于胎儿急速生长，孕妈咪的负荷会加重许多，加上濒临分娩，心理及生理压力都会增大，情绪容易焦躁不安，甚至是突然激动，这时候准爸爸与家人应给予适当的体谅与包容。

叮咛二

性格是宝宝心理发育的重要组成部分之一，更是人生发展中不可或缺的重要环节，通常于胎儿时期便会形成，孕妈咪的子宫是胎儿生长的第一个环境，小生命在里头的感受会直接影响将来性格发育与形塑。孕妈咪为培养宝宝良好的性格，应尽力做到不发脾气，并时时保持开心。

叮咛三

若是双胞胎妊娠，孕妈咪的早孕反应会较重，持续的时间也较长，下肢水肿及静脉曲张、妊娠高血压、羊水过多的几率都较高，分娩时很容易出现产程延长、胎盘早期剥离、胎位不正的现象。孕妈咪怀有双胞胎需注意营养摄取及适当休息，每日应补充足够睡眠，方能顺产。

叮咛四

妊娠期间，身体会做好分娩准备，腰背韧带会变软并具有伸展性，所以孕妈咪弯腰时，关节韧带被拉紧，就会感觉到背痛，随着胎儿长大，脊椎弯曲度增加，弯腰时更容易感到腰背疼痛。孕妈咪可藉由穿平底鞋、避免提重物、不采取弯腰姿势工作等方式来减轻腰背疼痛。

准爸爸看护指南

1. 体谅孕妈咪的情绪起伏

孕妈咪越接近分娩时刻，情绪起伏越大，这是一种自我保护的心理状态，对于这种情况，准爸爸要给予理解，并主动表现出善意，从日常生活中给予体贴及关心，安抚另一半的情绪。

2. 带领孕妈咪感受大自然

大自然给予人类无限的美好，人们在自然环境中会不自觉地放松身心，并保持好心情。准爸爸若能做好一切准备，再带领另一半一起徜徉在大自然中，孕妈咪一定可以拥有好心情。

3. 避免孕妈咪腰背疼痛加剧

准爸爸应主动为孕妈咪提重物，并提醒另一半穿平底鞋、坐下时需挑有靠背的椅子，并保持背部挺直、转身时应该移动脚步，不要只扭腰、避免弯腰姿势等，以减缓孕妈咪的疼痛。

4. 提高孕妈咪睡眠品质

孕妈咪进入怀孕晚期，腹部迅速变大，不仅容易感到疲累，还会出现水肿、静脉曲张等不适，夜晚经常无法安眠。面对这种情况，准爸爸应更加体贴另一半，并主动准备温水供其泡脚。

叮咛五

临近分娩时刻，孕妈咪可能产生气喘现象，由于子宫增大，使横膈膜升高而压迫到胸腔，导致孕妈咪呼吸不顺畅，如果用力做事，甚或是讲话，都会感到透不过气来。当胎儿的头部进到骨盆后，气喘现象便可得到抒解。孕妈咪感到气喘时，需要多休息并缓和呼吸，情况会改善。

叮咛六

部分孕妈咪喜欢喝果汁，并在饮用过程中添加白糖、蜂蜜或柠檬等食材，但家庭自制果汁时，一定要秉持现榨现喝的原则，不仅营养素可以完整保留，也不用担心细菌进到果汁里，造成孕妈咪的身体负担。水果最好还是新鲜食用，若还是想榨汁，果汁机务必要保持干净。

叮咛七

怀孕晚期，孕妈咪动作开始变得笨拙，部分孕妈咪会选择持续工作到分娩前一天，有些则会提前在家休息，如何选择，其实都要根据各自的工作内容及身体状况。如若孕妈咪不知道该如何选择，可以把工作环境、性质及劳动强度等情况告诉医生，再请他提出专业建议。

叮咛八

宝宝快出生了，孕妈咪可以和胎儿聊聊怎么出世的话题，提前与他轻声沟通，不仅藉此安抚自己的紧张心情，更增加分娩的临场感。这时候也可以邀请准爸爸一起加入对话，让胎儿在尚未出生时，便从母体感受到孕妈咪与准爸爸对自己的欢迎，养成出生后充满爱的美好性格。

准爸爸
看护指南

5. 增进孕妈咪午睡品质

孕妈咪大多有午睡习惯，但随着胎儿长大，午睡品质也越来越低，准爸爸可以适度帮忙，例如准备床边故事及笑话，让另一半在短时间内便能进入睡眠，甚至传达喜悦给胎儿。

6. 陪孕妈咪购置婴儿用品

准爸爸可以陪同另一半挑选适合的宝宝用品，无论是婴儿车、摇篮还是奶瓶等，都可以与孕妈咪一起购买，不仅可以备齐宝宝出生后会使用到的物品，也可以增进夫妻及亲子感情。

7. 使孕妈咪心情放松

分娩对孕妈咪来说是生命的里程碑，也是家庭新增成员的重要时刻，准爸爸在此时应做好孕妈咪的心理建设，主动陪同另一半进行分娩呼吸练习，这样才不会在分娩时显得手忙脚乱。

8. 保持镇定并建立孕妈咪乐观心情

分娩时，很多准爸爸常比孕妈咪紧张，不但派不上用场，有时还会增添不必要的麻烦，因此这一周，准爸爸要保持镇定，并为孕妈咪建立乐观心情，这样才能欢喜地迎接家中新成员。

图书在版编目（CIP）数据

养胎养身 100 道孕妈咪素食餐 / 孙晶丹编著．--

乌鲁木齐：新疆人民卫生出版社，2016.9

（孕期营养全指南）

ISBN 978-7-5372-6679-6

Ⅰ．①养… Ⅱ．①孙… Ⅲ．①孕妇－妇幼保健－素菜

－菜谱 Ⅳ．① TS972.164 ② TS972.123

中国版本图书馆 CIP 数据核字（2016）第 179442 号

养 胎 养 身 100 道 孕 妈 咪 素 食 餐

YANGTAI YANGSHEN 100 DAO YUNMAMI SUSHI CAN

出版发行	新疆人民出版总社 新疆人民卫生出版社
责任编辑	白霞
策划编辑	深圳市金版文化发展股份有限公司
摄影摄像	深圳市金版文化发展股份有限公司
封面设计	深圳市金版文化发展股份有限公司
地　址	新疆乌鲁木齐市龙泉街 196 号
电　话	0991-2824446
邮　编	830004
网　址	http://www.xjpsp.com
印　刷	深圳市雅佳图印刷有限公司
经　销	全国新华书店
开　本	200 毫米 ×200 毫米　　24 开
印　张	6
字　数	54 千字
版　次	2016 年 11 月第 1 版
印　次	2016 年 11 月第 1 次印刷
定　价	29.80 元